KB063340

동물의 노랫소리

Von singenden Mäusen und quietschenden
Elefanten: Wie Tiere kommunizieren und
was wir lernen, wenn wir ihnen wirklich
zuhören by Angela Stöger
Copyright © 2021 by Christian Brandstätter
Verlag. All rights reserved.

No part of this book may be used or
reproduced in any manner whatever without
written permission except in the case of
brief quotations embodied in critical articles
or reviews.

Korean Translation Copyright © 2024
by Tindrum Publishing Ltd.
Korean edition is published by arrangement
with Christian Brandstätter Verlag GmbH
& Co/ KG, Wien through BC Agency, Seoul.

이 책은 BC에이전시를 통해
저작권사와 독점 계약하여
(주)양철북출판사에서 펴냈습니다.
저작권법에 따라 한국 내에서
보호받는 저작물이므로
무단 전재와 복제를 금합니다.

동물의 노랫소리

우리가 귀 기울일 때 배우게 되는 것

앙겔라 스퇴거 ◦ 조연주 옮김

양철북

차례

책 속 **QR코드**를 활용하면
다양한 동물의 소리를
들을 수 있습니다.
스마트폰의 카메라 앱을 열거나
QR코드 스캐너를 열어
링크를 따라가 보세요.

1

이렇게 수다스러울 수가

동물의 소리를 듣는 매력

잠들기 전 나는 가만히 누워 귀를 기울인다. 긴 여정 끝에 드디어 국립공원에 도착하면, 케이프타운이라는 도시의 소음은 서서히 사라지고, 나는 텐트나 조그만 오두막에 누워 아프리카 밤의 소리를 듣는다. 아프리카 사바나의 많은 동물은 밤에 활동하는데, 사자나 하이에나 같은 맹수들이 특히 그렇다. 밤에는 소리가 훨씬 잘 들린다. 가까이에서 바스락거리는 소리나 무언가 갈라지는 듯한 소리가 들리면 나는 꼼짝 않고 누운 채 숨을 죽이고 더욱더 귀를 기울인다. 어떤 동물일까, 얼마나 가까이 있는 걸까? 갑작스러운 영양의 울음소리에 이어 얼룩말이 울부짖는 소리가 뒤따른다. 나도 모르게 감각이 예민해진다. 사냥에 나선 하이에나 특유의 '웃음소리'와 '비명 소리' 혹은 제 구역을 소리로 표시하는 사자의 깊은 포효는 흥미롭지만 위협적이기도 하다. 당연히 더 이상 잠들 수가 없게 된다. 하지만 이럴 때 나는 다시 자연의 일부, 거대한 전체의 일부가 된 듯한 기분에 젖는다. 대도시의 밤에 오가는 자동차들 소음 속에서는 금세 잊어버리고 마는.

남아프리카, 보츠와나 혹은 네팔에서 이런 경험을 할 수 있는 것은 분명 대단한 특권일 것이다. 하지만 우리는 모두 비슷한 경험을 할 수 있다. 국립공원이나 가까운 숲에서도 이를 느낄 수 있으며, 가끔 산책하는 것만으로도 충분하다. 번잡한 지역에서 벗어나 천천히 걸으며, 수다 떨기를 그만두고, 핸드폰을 끄고, 멈추어 서서 조용히 귀 기울이기 시작하면 되는 것이다.

우리의 존재를 알아챈 동물은 도망가거나 눈에 띄지 않으려고 꼼짝도 하지 않을 것이다. 하지만 우리가 가만히 그 자리에 있으면 어떤 동물은 긴장을 풀고 다시 움직이기 시작할 것이다. 나뭇가지 사이로 다람쥐가 재빠르게 스쳐 지나간다. 보이지 않아도 들을 수는 있다. 덤불 속의 새나 낙엽 아래 있는 쥐 역시 마찬가지다. 동물은 다시 평소처럼 움직일 것이다. 이를 위해 우리가 할 일은 멈추어 서서 숨을 죽이고, 잠시나마 자연의 일부인 우리 자신을 돌아보는 것이다.

동물의 소통에 대한 관심

생물음향을 전문으로 연구하는 행동 및 인지 연구자인 나에게, 동물의 소리는 특별히 매력적이다. 나는 소리의 특성과 기원, 동물이 함께 살아가는 데 소리가 어떤 의미를 가지는지, 그 소리가 어떤 효과를 가져오는지 연구한다. 동물이 서로 소통하는 방식을 연구하다 보면 결국 동물이 어떻게 생활하고 어떻게 생각하는지, 또 어떻게 느끼는지 더욱 깊이 들여다볼 수 있게 된다.

생물음향학은 최근 새롭게 떠오르는 연구 분야지만, 동물이 하는 '말'을 정말로 이해하기까지는 아직 갈 길이 멀다. 하지만 동물이 알 수 없는 소리를 내고 짖어 대고 꽥꽥거리는 것이 그저 우연이 아니라는 데 과학자들은 모두 동의하고 있다. 또한 동물이 단순히 본능적으로 호출하고 응답하는 패턴으로만 의사소통하는 것도 아니다. 그렇다면 동물들은 어떻게 그리고 왜 의사소통을 하는 것일까? 소리로 어떤 정보를 전달하는 것일까? 동물은 어떤 종류의 언어를 쓰며, 소리를 하나의 언어로 만드는 것은 무엇일까?

'눈에 띄는 소리'에 주목하기

놀랍게도 우리는 많은 동물이 내는 소리의 레퍼토리를 모두 알지 못한다. 심지어 연구가 꽤 이루어진 조류나 포유류의 소리 역시 마찬가지다. 지금까지의 연구는 쉽게 접근할 수 있거나 눈에 잘 띄는 동물에게 집중되어 있었다. 종종 우리의 지식은 어떤 동물의 과科 혹은 목目의 한 종에만 제한되어 있으며, 우리는 어떤 동물의 특정한 소리 유형만을 인지할 수 있을 뿐이다.

코끼리의 청각적 행동을 연구하기 시작한 것은 40년 정도인데, 특히 아프리카 사바나코끼리를 중심으로 해 왔다. 하지만 연구의 대부분은 코끼리들이 광활한 서식지에서 서로 소통할 때 내는 '웅웅거리는' 저주파 소리에 맞추어져 있으며, 아프리카 둥근귀코끼리와 아시아코끼리의 소리에 대해서는 아직 거의 알려진 바가 없다. 그 까닭은 아주 단순한데, 몸집과 생활 방식 때문에 코끼리는 상대적으로 연구하기가 어려운 종이기 때문이다. 숲이 울창해서 접근하기 어려운 콩고나 인도의 열대우림에 서식하는 동종 코끼리에 비해 그나마 아프리카코끼리는 관찰하기가 쉽다. 다음 장에서 밝히겠지만, 나와 우리 팀은 아시아코끼리가 날카롭고 길게 내지르는 특유의 고주파 소리—무게가 4톤이나 되는 후피류厚皮類보다는 기니피그에게 훨씬 잘 어울릴 것 같은—를 어떻게 내는지 아주 최근에야 알아냈다.

생물음향학은 기술에 크게 의존하고 있다. 연구를 위해서는 고감도 마이크와 녹음기, 카메라, 저장 매체와 성능 좋은 컴퓨터, 적절한 분석 프로그램이 필요하다. 최근 십수 년간의 기술 발달 덕분에 우리는 20년 전만 해도 해결할 수 없었던 문제를 풀 수 있게 되었다. 말하자면, 우리 인간이 인지하거나 들을 수 없는 많은 동물의 소리를 새로운 기술 덕분에 어렵지 않게 녹음하고 분석할 수 있게 된 것이다.

때때로 연구자들은 소셜미디어의 도움을 받기도 한다. 몇 년 전 유튜브에서 유명 인사가 된 춤추는 앵무새 스노볼♪은 놀라운 리듬감을 선보이며 캘리포니아 신경과학연구소의 아니루드 D. 파텔과 존 R. 아이버슨의 관심을 끌었다.

그전까지만 해도 우리는 음악을 들으며 박자에 맞추어 몸을 움직이는 것은 온전히 인간의 능력이라 생각했다. 온전히 인간의 능력이라 생각했던 것들이 종종 그렇듯 그것은 잘못된 가정이었다. 영국의 록 밴드 '퀸'의 〈Another One Bites the Dust〉에 맞추어 리드미컬하게 몸을 '움직이는' 큰유황앵무는 유튜브 팬들뿐 아니라 과학계를 열광시켰고, 스노볼은 저명한 과학 저널에서 여러 논문의 스타가 되었다.

리듬감은 음향 정보를 처리하는 한 형태다. 소리 정보를 처리해서 운동 작용, 즉 움직임으로 변환하는 것이다. 말을 따라 하거나 흉내 낼 때, 소리를 모방할 때도 비슷한 작용이 일어난다. 소리를 들으면 음이 분리되고 이것이 소리를 낼 수 있는 움직임으로 바뀐다. 앵무새는 사람의 말을 아주 잘 흉내 낸다. 앵무새는 주인이 말하는 것을 듣

♪ 락킹 댄스를 추는 큰유황앵무 스노볼의 모습.

고 거기에 따라 수다를 떨고 노래를 부르며, 고함을 지른다. 그렇다면 이 두 가지 특징, 즉 청각적 모방과 리듬감은 실제로 어느 만큼이나 서로 연결되어 있을까?

관점을 바꾸기 ·· 인간이 뛰어나다 하지만 다른 동물들 역시 마찬가지다

스노볼과 다른 앵무새들은 인간만이 소리를 모방할 수 있는 유일한 존재가 아니라는 사실을 보여 주는 아주 좋은 예다. '음성 학습'이라고 하는 이러한 능력은 인간이 언어를 배울 때 꼭 필요한 조건 가운데 하나다. 그런데 동물 역시 음성 학습을 할 수 있다는 사실이 앞서 언급한 앵무새와 명금류를 통해 밝혀졌다. 나아가 또 어떤 포유류가 이런 종류의 학습을 할 수 있는지 혹은 어떠한 동물이 이를 더 잘하고 덜 잘하는지, 우리는 밝히고자 한다. 범고래에게는 새끼가 모방을 통해 학습하는 일종의 가족어가 있으며, 혹등고래♪♪에게는 계절마다 다른 시즌송이 있다. 3장에서 더 설명하겠지만 어떤 아시아코끼리는 실제로 한국어로 몇 가지 단어를 '말할' 수 있으며, 몇 가지 영어 단어를 흉내 낼 수 있는 바다표범 '후버'도 있다. 인간의 언어

♪♪ 길게 끄는 혹등고래의 소리는 인간의 귀에도 매혹적인 멜로디처럼 들린다.

1971년부터 1985년까지 보스턴의 뉴잉글랜드 아쿠아리움에서 살았던 바다표범 후버는 놀라운 방식으로 사람의 말을 흉내 냈다.

를 모방하는 것이 동물에게 몹시 어렵다는 사실은 의심할 여지가 없다. 하지만 우리 생각보다 훨씬 더 많은 종이 다양한 형태로 음성을 학습하고 있다는 사실만은 확실하다.

놀랍게도, 2012년 미국 더럼의 듀크대학교 연구진은 쥐가 음향 정보를 모방하고 빠르게 처리해서 반응할 수 있는 신경학적 조건을 갖추고 있다는 사실을 발견했다. 쥐가 이 능력을 실제로 사용하는지 어떤지는 아직 밝혀지지 않았으나 계속해서 연구 중이다. 하지만 수컷 쥐가 암컷 쥐에게 구애할 때 사람은 들을 수 없는 음역대의 노래를 부른다는 것은 이미 입증된 사실이다—쥐는 노래하는 다른 경쟁자한테서 이를 배우는 듯 보인다. 갈색쥐들은 수컷끼리 '노래 결투'를 벌이기도 하는데, 이것은 우리 인간의 대화와도 비슷하다. 갈색쥐들은 언제나 상대 경쟁자가 노래를 마칠 때까지 기다리면서 질서 정연한 '대화 문화'를 만들어 간다.

이렇게 흥미로운 생물음향연구 결과로 우리의 관점은 좀 달라졌다. 인간의 언어는 물론 그 본질과 복잡성에 있어 특별하고 독특하지만, 연구를 거듭할수록 언어를 학습하는 기본적인 조건 가운데 많은 부분이 동물, 특히 쥐나 코끼리처럼 진화생물학적 관점에서 인간과는 거리가 먼 동물과 닮아 있다는 사실을 알게 된 것이다.

언어의 진화는 우리 시대의 가장 큰 과학적 질문 가운데 하나다. 인간은 어떻게 그리고 왜, 궁극적인 의사소통 수단으로 언어를 발전시켰을까? 해부학적으로는 신경돌기와 신경망에 이르기까지, 언어를 발전시키기 위해 어떤 것들이 변화하고 또 어떻게 적응했을까?

인간이 생각을 언어로 표현하는 법을 배운 시기가 언제인지, 언어의 기원은 지금까지 정확하게 밝혀진 바가 없다. 아직은 언어 발달의 단서를 밝힐 만한 성대 화석이나 후두연골 화석을 연구할 수 없는데, 이런 연조직은 화석으로 남아 있지 않기 때문이다. 하지만 우리는 언어가, 매우 짧은 시간에 들은 것을 처리하고 이해하고 답을 생각하고 이를 공식화하는 최고의 인지 수행 능력임을 알고 있다.

언어의 발생에 대해 더 자세히 알아보기 위해 생물음향학은 생물언어학과 연계하여 두 학문을 아우르는 연구 방식을 추구한다. 언어학자 노암 촘스키의 선행 연구에 따르면, 언어는 생명체의 생물학적 특성으로 이해되고 있다.

이제 가장 중요한 질문은, 언어의 어떠한 측면이 인간에게만 발생하며, 동물에게서는 어떤 특징을 발견할 수 있는가, 하는 것이다. 고래나 코끼리처럼 인간과 비슷한 사회구조를 이루고 살아가는 동물 역시 비슷한 선택압selective pressure*에 의해 의사소통이 발달하게 된 것일까? 우리는 이러한 유사점 혹은 차이점을 경험적으로 연구할 수 있고, 이를 통해 실제로 인간 언어의 발달에 대해 많은 것을 배울 수 있을 것이다.

바닷속 소음··물속에서 소리는 훨씬 더 빨리 전달된다

고래와 돌고래는 내게 늘 특별한 매력으로 다가온다. 보통 아이들이 그렇듯 나 역시 어렸을 때부터 동물들을 좋아했는데, 그중에서도 나는 특히 해양 포유동물에 마음을

* 자연 돌연변이체를 포함하는 개체군에 작용하여 경합에 유리한 형질의 개체군이 증식할 수 있도록 돕는 생물적, 화학적 또는 물리적 요인.

빼앗기곤 했다. 이 거대한 동물이 미끄러지듯 물속을 유영하는 우아함과 바다라는 서식지에서 적응한 특별한 능력을 비롯한 바닷속의 삶 그리고 이들의 의사소통에 나는 매료되었다. 고래의 소리는 매우 특별한데, 놀랍도록 아름다운 혹등고래의 노래는 내게 몹시 맑고 조화롭게 들린다. 열 살 때 나는 고래의 학명을 모두 암기할 수 있었다. 범고래는 Orcinus orca, 혹등고래는 Megaptera novaeangliae, 향유고래는 Physeter macrocephalus….

1996년, 내가 공부를 시작했을 때 이미 바다의 소음은 시급한 문제였다. 최대 230데시벨까지 소리를 내는 군용 수중음파탐지기, 다이너마이트를 터뜨려 물고기 떼를 기절시키는 원양어업, 해저에 매장되어 있는 석유를 찾기 위해 사용하는 공기포 따위로 생기는 선박 소음 문제에 대한 인식이 한창 높아지고 있을 때였다. 이런 소리는 바다에서 생활하는 포유류에게 어떤 영향을 미칠까?

그사이 우리는 이런 소음 때문에 고래의 청각이 영구적으로 손상될 수 있음을 알게 되었다. 어류는 지각하는 데 중요한 감각세포인 내이의 유모세포**가 계속해서 재생되고 재건되지만, 포유류는 이것이 불가능하다. 한번 죽어

** 내이에서 달팽이관의 나선기관에 있는 세포로, 세포 표면에 작은 돌기 구조인 부동섬모를 갖고 있다.

버린 유모세포는 더 이상 대체되지 않는다. 그리고 소음은 바닷속에 사는 거대한 동물의 방향감각에도 영향을 미치는데, 점점 증가하고 있는 고래의 집단 좌초도 이와 관련이 있다.

물속에서는 소음이 매우 잘 퍼져 나간다. 소리는 육지에서보다 바닷속에서 더 빨리, 더 멀리 전달되는데, 매질의 밀도가 높을수록 소리의 속도가 빨라지기 때문이다. 대학생 때 소음이 고래의 삶과 의사소통에 어떠한 영향을 미치는지 알게 된 나는, 흥미로운 동시에 몹시 걱정도 되었다. 그렇게 나는 생물음향학에 집중하기로 마음먹었다.

소리의 생성 ·· '목소리' 그 이상의 매력

공부하는 동안 나는 수많은 동물의 의사소통에 대해 알게 되었다. 자연의 창의성에는 한계가 없었다. 기발한 메커니즘으로 다양하게 의사소통하고 있는 동물계는 너무나 인상적이었다. 곤충에게서 고도로 발달된 소리 장치를 발견할 수 있었다.

봄날, 도시의 소리 풍경을 특징짓는 어떤 소리도 때때로 집요하기까지 한 귀뚜라미의 '노래'만큼 인상적이지는 않을 것이다. 여치와 마찬가지로 수컷 귀뚜라미는 특수한 구조를 가진 앞날개를 서로 문지른다. 오른쪽 날개의 날카로운 가장자리를 왼쪽 날개의 모서리에 비벼 특유의 소리를 내는 것이다. 이때 귀뚜라미가 내는 마찰음은 몇 가지 노래의 형태를 띠기도 한다. 암컷을 유혹하고 구애하는 노래—수컷이 달리 무엇을 할 수 있겠나—와 연적을 위협하는 노래. 덧붙이자면 귀뚜라미는 앞다리에 청각기관이 있기 때문에 발을 이용해서 소리를 들을 수 있다.

경골류硬骨類* 역시 꽤 시끄럽게 소리를 내는데, 박사과정 지도교수인 크라토츠비르 교수가 경골류 전공이라 이에 대해 많이 배울 수 있었다. 성대가 없는 물고기는 전혀 다르게 움직이는 부레, 이른바 소리근육의 도움으로 소리를 낸다. 예를 들어 동남아시아의 크로킹구라미는 가슴지느러미의 근육과 빗살 그리고 관련 힘줄을 이용해 소리를 낸다. 짝짓기 시즌에 수컷 피그미구라미♪가 연적에 맞서 제 구역을 방어할 때 내는 '으르렁' 소리는 꽤 시끄럽다.

메뚜기부터 붉은사슴, 코끼리에 이르기까지, 울음소리를 내어 자신이 얼마나 강하고 건강하며 잘 싸우는지 보여 주는 것 그리고 자기 구역을 지키며 라이벌을 위협하

* 골격이 경골로 된 어류. 일반적으로 몸은 비늘로 덮여 있고 옆줄이 있다. 상어와 가오리를 제외한 대부분의 물고기가 이에 속한다.

♪ 수컷 피그미구라미의 으르렁 소리.

피그미구라미는 동남아시아에 서식하는데, 독특한 소리가 매우 놀랍다.

면서 암컷을 유혹하는 것은, 거의 모든 동물 집단에서 나타나는 청각적 행동이다. 짝짓기에서 승리한 붉은사슴의 힘찬 포효나, 짝짓기를 위해 싸울 준비가 된(테스토스테론 수치가 높아져 짝짓기가 가능해진) 6톤이나 되는 수컷 코끼리의 깊게 울려 퍼지는 '웅웅거리는 소리'는 암컷에게는 깊은 인상을 주고 경쟁자에게는 경고를 보낸다. 포유류 사이에서는 일반적으로 수컷의 목소리가 낮고 깊을수록 더 매력적이다. 이것은 우리 인간도 비슷한데, 펜실베이니아주립대학교의 연구자들은 낮고 깊은 목소리의 남성이 여성에게 더 매력적으로 보이며 다른 남성을 주눅들게 한다는 사실을 밝혀냈다.

어떤 동물의 몸집과 호르몬 혹은 감정 상태 같은 모든 요소는 목소리의 속성과 내뱉는 소리에 영향을 미치며, 그 수신인에게도 영향을 미친다. 어떤 동물종의 커뮤니케이션 시스템을 제대로 이해하기 위해서는 각각의 측면을 모두 고려해야 한다. 나는 해부학 말고도 소리를 내는 기관들의 구조와 기능을 공부해야 했고, 소리의 구조에 영향을 줄 수 있는 모든 내부 요인들, 즉 동물의 나이와 성별을 알아야 했으며, 호르몬이나 감정 상태를 관찰하고, 각 동물이 소리의 구조를 조절할 수 있는 특정한 인지능력도 고려해야 했다. 이러한 주파수 스펙트럼을 철저히 점검할 수 있는 스펙트럼 분석 덕분에 나는 소리를 내는 각각의 개체와 동물마다 소리의 음향 구조에 어떤 정보가 인코딩되어 있는지 알아낼 수 있었다. 입이나 부리 혹은 주둥이에서 빠져나오자마자 소리는 환경에 의해 변할 수밖에 없고, 거리가 멀어질수록 점점 약해진다. 소리의 반사나 흡수와 같은 물리적 메커니즘은 물론 생활환경이나 서식지, 대기와 기후 역시 소리에 큰 영향을 미친다. 초원이 넓게 펼쳐진 사바나 지대와 숲이 울창한 열대우림 지대의 소리 전달은 완전히 다르다.

그렇다면 이 모든 변화 속에서 특정 동물이 소리를 감

지했다면 어떻게 될까? 대답은 간단하다. 그 동물은 소리를 듣고 정보를 처리하여 반응한다. 커뮤니케이션에는 언제나 발신자와 최소한 한 사람 이상의 수신자가 필요하다. 이것은 두 생물 사이에서 일어나는 상호작용으로, 이들은 각각 상대의 행동에 영향을 미친다. 그런데 수신자는 어떻게 반응할까? 바로 이 반응이 커뮤니케이션에서 결정적인 부분이다. 수신자의 반응이 발신자에게 피드백으로 작용하기 때문이다. 짝짓기 소리가 얼마나 매력적인지 또 수컷이 얼마나 강하고 큰지를 보여 주면, 암컷은 덜 섹시해 보이는, 말하자면 약하게 느껴지는 소리를 들을 때보다 더 가까이 다가가기로 마음먹는다. 소리를 내는 데는 에너지가 무척 많이 든다. 짝짓기 시즌에 수컷들은 지속적으로 소리를 내는데, 가장 강한 수컷만이 목소리의 음량과 에너지를 일정하게 유지할 수 있다. 진화론적으로 이러한 능력은 발신자에게, 그러니까 수컷에게 엄청난 영향을 미친다. 성공한 개체의 특성이 열등한 개체의 성질보다 더 잘 번식하기 때문이다.

생물음향학자로서 나는 숲속이나 사바나에서, 연못가나 동굴 앞에서 마이크를 들고 앉아 어떤 동물이 소리를 낼 때까지 그저 기다리기만 하는 것이 아니다. 나는 현장뿐 아니라 실험실에서도 여러 가지 다양한 방법으로 연구를 한다. 해부학과 소리를 내는 기관의 형태학을 공부하고, 호르몬을 분석하기 위해 동물들의 분비물을 채취하고, 소리의 구조를 분석하기 위해 컴퓨터 앞에서 긴 시간을 보내며, 가설을 증명하기 위해 갖가지 실험을 한다.

나는 동물의 청각 능력도 연구하고 있다. 평화롭게 먹이를 먹고 있던 코끼리가 잠시 멈추고 귀를 약간 펼치면 그것은 코끼리가 흥미로운 소리를 인지했다는 뜻이다. 이렇게 실험과 관찰을 함께 해야만 동물이 어떤 소리를 정말로 인지했는지 아닌지 분명히 밝힐 수 있다. 동물이 어떤 소리를 어떻게 듣는지, 어떤 주파수 영역에서 특히 민감한지에 대해 아는 것은, 어떤 소음이 어떤 동물을 괴롭히는지 이해하기 위해 그 어느 때보다 중요하다. 우리 인간은 소음으로도 환경을 오염시키고 있다. 소음은 육지에서도 바닷속에서도 아주 중요한 환경문제 가운데 하나이다.

끊이지 않는 소음은 스트레스를 일으킨다

국립공원의 경계 지역은 소음이 끊이지 않는다. 방음벽도 전혀 도움이 되지 않는다. 방음벽 때문에 오히려 많은 동물이 경계를 넘어 이동하기가 어려워질 뿐이다. 인간이 만들어 내는 소음의 어떤 주파수는—특히 저주파의 소음은—그 범위가 매우 넓은데, 예를 들어 교통 소음 역시 주파수가 몹시 낮다. 전기를 만드는 풍력발전소도 초저주파음을 만들어 내는데, 이 소리는 주파수 스펙트럼이 너무 낮아 사람한테는 들리지 않는다. 어떤 동물이 이러한 저주파 소음을 감지하는지, 또 이것이 동물의 삶에 어떤 영향을 미치는지 우리는 아직 정확하게 알지 못한다.

동물도 사람처럼 자연스럽게 소음에 익숙해진다. 해롭거나 방해될 정도로 소리가 문제가 될 경우, 동물은 행동을 조정하거나 가능하다면 멀리 이동한다. 사람들이 시끄럽게 떠들면서 숲을 지나가기만 해도 동물에게는 매우 해로울 수 있으며, 큰 스트레스를 줄 수도 있다. 동물이 에너지를 절약하고 겨울잠을 자야 하는 겨울철에는 더욱 그렇다.

몸으로 듣는 템보의 소리

이러한 작용을 측정하기 위해 오늘날 우리는 끊임없이 발전하는 장비의 도움을 받고 있다. 마이크는 더욱 사용하기 편리해졌고, 컴퓨터는 성능이 훨씬 좋아졌다. 우리는 너무 낮아 사람이 인지할 수 없는 초저주파음 중에서도 가장 낮은 20헤르츠 이하의 소리를 내는 코끼리와 많은 작업을 한다. 코끼리가 내는 우르렁 소리에는 사람이 들을 수 있는 범위의 소리 성분도 있지만, 이 소리는 코끼리와 아주 가까이 있을 때만 겨우 들을 수 있다. '우르렁'거리는 코끼리 옆에 서 있으면 낮은 주파수도 인지할 수 있다. 물론 언제나 코끼리 소리를 들을 수 있는 것은 아니지만, 몸으로 그 진동을 느낄 수는 있다.

나는 2014년 남아프리카에서 사람들이 보호하고 있는 코끼리들을 만나서 이런 특별한 경험을 할 수 있었다. 코끼리 중에는 서른네 살의 템보라는 수코끼리가 있었는데, 어깨높이가 3.4미터이고 몸무게가 6톤쯤 되는 거대한 녀석이었다. 템보는 이른바 문제 코끼리였는데, 사탕무와 오렌지를 좋아해서 자주 국립공원을 탈출해 농부들을 괴롭혔기 때문이다. 농부들의 총에 맞아 죽는 일을 막기 위해 국립공원에서는 템보를 훈련시키기로 했다. 현재 템보는 야생동물과 인간 사이의 공생 문제를 알리는 홍보 대사로 활동하고 있다.

처음 템보를 만난 건, 소리를 녹음하기 위해 현장에 있을 때였는데, 그때 나는 이미 몇 년째 코끼리를 연구하고 있었다. 템보를 돌보던 내 오랜 동료 앤톤 바오틱과 함께 현장에서 프로젝트를 논의하고 있을 때였다. 우리를 좀 더 가까이에서 보고 싶었는지, 앤톤을 알아본 템보가 우리 쪽으로 다가왔다. 템보는 1미터쯤 앞에서 멈추어 섰다. 이렇게 아름다운 코끼리를 아무 장애물 없이 직접 볼 수 있다니, 너무나 놀라운 일이었다. 앤톤이 템보의 다리를

합동 연구를 하고 있는 남아프리카 국립공원.

쓰다듬으며 인사를 건네자 템보가 입을 크게 벌리고 우렁차게 우르렁거리며 대답했다. 템보의 소리가 몸으로 느껴졌다. 아주 가까이 있어서 소리를 들을 수 있기도 했지만 무엇보다 그 소리를 직접 느낄 수 있었다. 소리를 내는 코끼리를 만지면 몸 전체에서 진동을 느낄 수 있다. 깊은 울림이 코끼리의 몸과 내 몸 전체를 관통하는 것이다.

생물음향학은 인간의 지각이 얼마나 많은 부분을 놓치고 있는지를 특별한 방식으로 알려 주었고, 이러한 경험을 통해 나는 다시 한번 소리의 세계에 빠져들었다.

들리지 않더라도, 들으려고 애써야 한다

꼭 무게가 몇 톤이나 되는 수코끼리와 직접 눈을 마주치지 않더라도, 인간의 인지 스펙트럼이 모든 것을 아우르지는 못한다는 사실을, 우리는 깨닫고 또 깨달아야 한다. 하지만 그렇게 생각하는 게 좀처럼 쉽지 않다. 일상생활에서 우리는 곧잘 잊어버린다. 언젠가 초음파마이크를 가지고 토끼 우리에 들어간 적이 있었다. 그 안에 얼마나 많은 쥐가 살고 있는지 알아보기 위해서였다. 이따금 한두 마리 지나가는 것을 볼 수는 있었지만, 소리는 들리지 않았다. 물론 쥐들은 서로 의사소통을 하고, 찍찍거리고, 아마도 수컷들은 암컷들을 향해 구애의 노래도 불렀을 것이다. 하지만 그 소리가 내게는 들리지 않았다. 어쨌든 나는 청각적으로는 인지할 수 없었으니 말이다.

해부학적으로, 그러니까 지각을 제한하는 인간의 신체 조건 때문에 이런 소리는 인지하기 어렵다. 숲속에 가만히 앉아 귀를 기울여도, 제대로 의식하지 못하거나 충분히 주의를 기울이지 못해서도 소리를 인지하는 것은 어렵다. 하지만 우리가 충분히 귀를 기울이고 의식한다면, 의사소통과 상호작용은 언제 어디서나 일어난다. 이를 알기 위해서는 충분히 이해하고 인지하고 있어야 한다. 동물에게 이러한 능력이 없다고 우리가 단언할 수 있을까?

영장류는 특별한 라이벌을 만나면 서로에게 경고한다. 공황 상태에 빠진 돼지의 소리는 공황 상태에 빠진 사람의 소리와 똑같은 청각적 특성이 있다. 새끼와 떨어지면 어미 소는 필사적으로 새끼를 부르는데, 때로는 몇 시간이고 울어 대기도 한다. 동물의 삶에 대해 더 많은 사람이 알면 알수록, 우리는 인간이 이 세계에 대해 모든 것을 알 수는 없다는 사실을 더 잘 인지하게 될 것이며, 또 그래야 할 것이다.

동물을 더 자세히, 더 넓게 이해할 수 있는 우리의 능력은, 단지 기술적인 능력을 확장하는 것뿐 아니라, 동물에게 주의를 기울이려 애쓰는 우리의 태도에 따라서도 달라진다. 이 책에서는 우리 인간이 얼마나 귀를 기울일 수 있는지, 또 어떤 세계를 밝혀낼 수 있는지 자세히 이야기하고자 한다.

2

너무나 익숙한, 너무나 놀라운 I

거대한 스펙트럼
안에서 발견한
다양한 주파수
대역폭에 대하여

남아프리카 포트엘리자베스 근처에 있는 아도 코끼리 국립공원의 남쪽은 수코끼리들이 특히 많이 발견되는 지역이다. 나는 공원에서 일주일간의 긴 업무를 마치고 집으로 돌아가는 길이었다. 독특한 식물과 코끼리가 특히 좋아하는 다육식물 가운데 하나인 아악무가 울창한 응굴루베 순환도로가 이어진 이 특별한 구간을 나는 좋아한다. 한쪽으로 영양이 풀을 뜯는 초원이 펼쳐져 있는 커다란 골짜기를 통과하는데, 그 끝에는 아도 국립공원의 해양 지역인 알고아 베이의 환한 모래언덕 위로 놀라운 풍경이 펼쳐진다. 공원의 한가운데에는 다양한 사바나 동물이 물을 마시러 오는 아름다운 연못이 있는데, 그날은 코끼리 무리도 있었다.

물가에서

나는 동물들을 지켜보기 위해 조금 멀리 떨어져 서 있었다. 한 살 반쯤 된 어린 코끼리만 빼면 너무나 고요한 풍경이었다. 코끼리는 혹멧돼지 한 마리를 노리고 있었다. 두 마리 모두 물을 마실 수 있을 만큼 자리는 충분했지만 코끼리는 물가에서 돼지를 쫓아내는 것밖에 달리 할 일이 없는 듯했다. 몸집이 더 커 보이도록 코끼리는 귀를 옆으로 펼치더니 멧돼지에게 달려가 긴 코를 휘두르며 위협했다.

하지만 멧돼지도 만만하진 않았다. 15분 동안 멧돼지는 물가로 다가가려고 계속 시도했다. 몹시 더운 날이었으므로 목이 말랐을 것이다. 어린 코끼리가 마침내 긴 코로 물을 빨아들여 멧돼지에게 뿜었다. 목가적인 풍경의 만화영화에서나 나올 법한 장면이었다.

코끼리에겐 코가 온갖 것들을 잡는 만능 도구이다. 하지만 어린 코끼리에겐 많은 연습이 필요하다. 그러려면 먼저 근육관을 움직여야 한다. 아기나 아이들이 잡는 법을 배우는 것처럼, 아기 코끼리는 제 얼굴에 달려 있는 이 도구를 다루는 법을 배워야 한다. 처음에는 놀이처럼, 그다음엔 실제 생활에서 잘 쓸 수 있도록 다룰 줄 알아야 한다. 아직 어린 코끼리들은 당근 하나를 짚거나 풀덤불을 뽑는 데도 몇 분씩 애를 써야 한다. 하지만 어른이 되면 코끼리는 코끝으로 동전이나 땅콩을 집어 올릴 수도 있고, 잡기 어려운 먹이를 빨아올릴 수도 있다.

코의 발달은 코끼리의 계통발생과 함께 시작되었다. 몸집이 점점 커지고 목덜미가 짧아지면서 두개골 자리가 높아진 것과 관련이 있어 보이는데, 거리가 꽤 먼 머리와 땅바닥 사이를 잇기 위해 처음부터 코가 발달한 것일 수도 있다.

여러 기능을 하는 이 기관이 또 무엇을 할 수 있는지 체험하기 위해서라면 하루쯤은 기꺼이 코끼리 코를 가져 보고 싶다. 우리 인간에게는 이런 근육관과 비슷한 기능을 하는 혀가 있지만, 윗입술과 코가 연결되어 있는 코끼리 코는 매우 특별하다. 코끼리 코에는 약 4만 개의 근육이 있으며, 이것들이 각각 사방으로 뻗어 나가 안정적인 구조를 만들어서 자유롭게 움직일 수 있는 것으로 추정한다. 거기에 비하면, 인간의 몸을 이루고 있는 근육은 약 650개에 불과하다.

코끼리 코는 해부학적으로만 특별한 것이 아니라, 아주 다양한 기능을 가지고 있다. 코끼리의 코는, 지금까지 연구한 바에 따르면, 동물계 전체에서 가장 뛰어난 후각기관으로, 사냥개보다도 더 냄새를 잘 맡는다. 코끼리는 코를 이용해 가까운 곳과 먼 곳의 냄새를 맡고, 대기의 상태를 감지하며, 물을 마시고, 스스로 방어한다. 피곤하거나 눈에 모래가 들어가면 코끼리는 코를 이용해 눈을 문지른다. 코끼리의 코는 다양한 감각이 결합된 환상적인 기관이다.

그뿐만 아니라 코끼리는 이 막강한 집게 팔로 단번에 나무둥치를 들어 올릴 수 있으며, 코를 사용해 아주 예민하고 섬세하게 물건을 더듬을 수도 있다. 어미 코끼리는 코를 이용해 새끼들을 부드럽게 '이끌고' 다정하게 쓰다

듬어 준다. 자거나 인사할 때, 이 거구의 코끼리들은 코를 써서 서로를 껴안는데, 이것은 단순한 촉각 신호가 아니다. 코끼리는 이런 식으로 다른 코끼리의 냄새를 맡고, 흥분하면 분비물을 내보내는 측두샘 근처에서 페로몬을 감지한다.

물론 코는 소리를 내는 데도 사용된다. 진화론으로 볼 때 이것이 우선하는 기능은 아닐 수도 있지만, 코는 소리를 내기에 아주 적합한 기관이다.

후두와 다른 기관들·· 포유류는 어떻게 소리를 낼까?

코끼리 소리, 하면 아마도 누구나 트럼펫 소리를 먼저 떠올릴 것이다. 코끼리뿐 아니라, 일반적으로 동물은 감각기관이나 팔다리 같은 기관을 원래의 기능과 다른 방식으로 이용하려는 경향이 있다. 발생학으로 보아도 모든 가능성을 최대한 활용하는 것은 당연한 일이다.

코끼리는 코가 있어서 특히 운이 좋은 동물이다. 이 근육관은 강렬하고 깊은 소리를 내기에 아주 적합한 커다란 공진공동共振空洞, 일종의 공명실을 만들어 준다. 이러한 몸속의 공명실은 목소리의 스피커 역할을 한다. 이 공동空洞이 성대에서 만들어진 소리에 우리가 최종적으로 인지할 수 있는 볼륨과 울림을 만들어 주는 것이다. 구강과 비강,

인두강 그리고 코 같은 신체 부위에서는 악기의 몸체나 교회의 아치형 천장처럼 소리가 울려 퍼진다.

코끼리 특유의 트럼펫 소리는 코를 통과하면서 나는 소리다. 그런데 정말 코에서 나는 소리일까? 코끼리의 콧속으로 들어가 보자. 비강과 성도*를 지나 후두까지. 거의 모든 포유류가 후두의 성대를 이용해 소리를 낸다.

먼저 사람의 경우 소리가 어떻게 만들어지는지 살펴보면, 우리 인간 역시 후두를 이용해 소리를 낸다. 간단하게 설명하면, 우리가 말하거나 노래할 때 후두 안쪽에 있는 성대가 진동하는 것이다. 폐에서 공기가 흘러나와 후두를 통과할 때, 이 공기의 흐름이 성대를 진동시킨다. 이때 진동을 자극하는 신경세포나 근육은 필요 없다.

성대가 진동하는 빈도, 다시 말해 성대가 1초에 얼마나 많이 떨리는가 하는 것이 우리 목소리의 높낮이를 결정하고, 공기 흐름의 강도는 목소리의 크기를 결정한다. 그러고 나서 소리는 성도를 지나면서 여러 공진공동과 혀나 이, 뺨과 같은 기관과 함께 입술을 통해 더욱더 발전한다. 이런 식으로 소리는 고양이의 '야옹', 암소의 '음매' 그리고 사람의 말로 만들어진다.

* 성대에서 입술 또는 콧구멍에 이르는 통로.

소리 스펙트럼의 어떤 부분은 공명을 통해 증폭되고, 또 어떤 부분은 감소하거나 심지어 소멸하기도 하는데, 소리 스펙트럼에서 증폭되어 더 잘 인지되는 부분을 '포르만트formant'**라 한다. 포르만트는 인간뿐만 아니라 동물의 세계에서도 중요한 정보 전달자이다. 거울을 보며 아, 에, 이, 오, 우, 하고 말하면서 입술의 움직임이 어떻게 달라지는지, 혀와 턱의 위치는 어떻게 바뀌는지 자세히 관찰해 보자. '우' 소리를 내려면 입술을 앞쪽으로 오므려야 한다. 조음調音이라고도 하는 이러한 움직임을 통해 구강 안쪽 공간이 변하게 되는데, 이에 따라 공진 역시 달라지고, 이어서 스펙트럼의 주파수 구성 요소도 변하게 된다. 이러한 차이를 통해 우리는 소리를 바꿀 수 있다.

모든 육상 포유류의 후두에는 주요한 소리 기관인 성대가 있으며, 전부는 아니어도 대부분 소리를 낼 때 성대를 이용한다. 코끼리도 마찬가지다. 코끼리가 '우르렁' 소리♪를 낸다고 표현하는 것은 멀리서 들리는 천둥소리와 비슷해서다. '우르렁거린다'는 말은 '굉음이 울리다'는 뜻이다. 이 소리의 가장 낮은 주파수대는 약 10헤르츠로, 이것은

** 모음을 특징짓는 주파수 성분.

♪ 코끼리가 내는 '우르렁' 소리의 의미는 굉음이 울리는 데서 따온 것이다.

사람의 최소 가청치보다 훨씬 낮다. 사람의 청각 범위는 대략 20~20,000헤르츠 사이이며, 그 이하의 모든 소리를 우리는 초저주파음이라 한다. 20,000헤르츠 이상의 소리는 초음파라고 하는데, 박쥐와 생쥐는 이 주파수 스펙트럼에서 소리를 낸다.

몸집이 거대한 코끼리는 발성기관인 후두 역시 사람의 것보다 훨씬 크다. 사람의 성대는 2센티미터 정도지만, 다 자란 암컷 코끼리 성대는 약 10센티미터이며, 몸집이 더 큰 수컷 코끼리 성대는 거의 15센티미터나 된다. 아주 거대한 성대인 것이다. 성대는 소리를 낼 때 폐 속 공기의 흐름을 통해 진동하는데, 큰 성대는 짧은 성대보다 훨씬 느리게 진동한다. 진동이 느리면 진동이 빠를 때보다 더 낮은 주파수의 음조를 만들기 때문에 우르렁 소리의 낮은 키노트(기본음)가 발생한다. 어쨌거나 성대의 길이와 발성기관의 크기와는 별개로 코끼리는 실제로 인간이 말하고 노래하는 것과 같은 방식으로 초저주파음을 만들어 낸다.

후두 연구실 ·· 코끼리의 소리를 쫓아서

2012년 우리는 특이한 실험을 통해 한 가지 사실을 밝혀냈다. 베를린 동물원에서 한 암코끼리가 죽었을 때 후두를 채취해 빈대학교의 행동 및 인지 생물학 연구소 소장인 테쿰세 피치 교수의 후두 연구실로 보냈다. 이 연구실은 소리가 실제로 어떻게 만들어지는지 실험할 수 있는 곳이다. 인간의 경우에는 우리가 말하거나 노래할 때 직접 탐침을 넣어 조사할 수 있지만, 당연하게도 동물에게는 이 방법을 쓰기가 매우 어렵다.

그래서 우리는 폐의 기능을 흉내 낸 모델을 이용하기로 했다. 우리는 준비한 후두를 통해 정밀하게 계산된 압력으로 촉촉한 공기를 흐르게 했다. 고속 카메라와 마이크로 이때 발생하는 성대의 진동과 소리를 기록하고, 전기 성문파형 검사로 성대 부위에 전기 자극을 주어 성대 진동이 동시에 일어나는지 아니면 대칭적으로 떨리는지 성대의 진동 방식을 자세히 분석했다.

그 결과 코끼리는 우리 인간이 말하고 노래하는 것과 똑같은 방식으로 우르렁거렸다. 이것은 획기적인 발견이었고, 우리는 이 사실을 가장 권위 있는 과학 저널인 〈사이언스〉에 발표했다. 그전까지는 어떤 특별한 메커니즘이 작용해서 소리를 만들어 내는지 단지 추측만 할 뿐이었다. 하지만 우리는 밝혀낼 수 있었다. 우르렁거리는 소리는 '전혀 특별한 것이 아니었다.' 코끼리의 성대가 공기의 흐름에 의해 진동하면서 이 소리가 만들어지는 것이었다.

코끼리의 트럼펫 소리는 여전히 신기하기만 하다. 이

동물이 어떻게 300~500헤르츠의 주파수를 내는지 아직 완전히 밝혀지지는 않았지만, 코가 중요한 역할을 하는 것만은 분명하다. 하지만 이 소리가 어떻게 만들어지는지는 아직 알려지지 않았다. 더 높은 주파수를 내기 위해 코끼리의 성대가 예상보다 더 팽팽하게 늘어나는 것일까? 아니면 소리를 낼 때 도움을 주는 다른 기관이 있는 것일까?

예상하지 못한 소리 I·· 날카롭게 울부짖는 코끼리들

세상에는 어떻게 생겨났는지 알 수 없는 많은 소리가 있다. 코끼리 코의 긴 근육관은 소리를 내기 위해 어떤 기관, 어떤 조직을 수축하고 팽창하며, 또 폐쇄하거나 진동하면서 많은 일을 할 수 있다. 이론적으로는 이러한 방식으로 엄청나게 다양한 소리를 만들 수 있다. 코끼리의 트럼펫 소리도 코끼리가 코를 아래쪽으로 뻗는지, 앞쪽으로 내미는지 혹은 코끼리가 움직이고 있는지 어떤지에 따라 매번 다르게 들린다. 게다가 코끼리의 덩치나 코가 얼마나 큰지에 따라서도 다르다. 200킬로그램 정도 나가는 아기 코끼리의 트럼펫 소리는 당연히 6톤이나 나가는 다 자란 코끼리의 트럼펫 소리와 다르다.

지금까지의 연구를 통해 우리는 아시아코끼리의 트럼펫 소리가 이 개체의 특성이라는 것을 밝힐 수 있었다. 다른 한편, 우리는 각 개체의 트럼펫 소리도 매번 다르다는 것을 입증할 수 있었다. 우리는 코끼리 역시 우리가 휘파람을 불거나 멜로디를 흥얼거리는 것처럼 완전히 새로운 소리를 낼 수 있다는 사실도 밝혀냈다. 때때로 코끼리는 마치 콘체르티나*처럼 공기를 짜내면서 코를 감거나 짧게 하고, 또 비틀기도 한다. 그렇게 만들어진 다양한 소리는 의사소통을 위한 것이라기보다는 그저 소리를 내는 쪽에 가깝다. 그러니까 코끼리는, 예를 들면 무리의 다른 구성원을 기다릴 때처럼 달리 할 일이 없을 때 종종 이 소리를 내는데, 소리를 이용해 노는 것은 코끼리들에게 매우 특별한 것으로, 코끼리가 다른 많은 동물과 구별되는 점이다.

코끼리는 때로 청각적인 의사소통을 하지 않으면서도 몹시 유쾌한 소리를 내곤 하는데, 매우 높은 고주파의 길고 날카로운 소리다. 보츠와나에 있는 두 마리, 독일의 동물원에 있는 한 마리, 총 세 마리의 아프리카코끼리는 서로 영향을 받지 않고도 비슷한 메커니즘을 발전시켰는데, 이 코끼리들은 한쪽 콧구멍은 꽉 막고 다른 콧구멍으로는 공기를 빨아들이는 식으로 최대 1,800헤르츠나 되는 주파수로 날카롭고 긴 소리를 만들어 냈다. 이것은 무게가

* 소형 아코디언의 일종.

몇 톤이나 되는 동물에게는 매우 높은 소리다. 어린 코끼리의 음역대는 약 440헤르츠 정도인데, 기니피그의 최고 음역대는 1,500헤르츠이다.

날카롭고 길게 울부짖는 코끼리라니, 아무도 예상하지 못했을 것이다. 이런 소리는 특히 아프리카코끼리들이 흉내 내곤 한다. 반면 다른 코끼리 종은 선천적으로 날카롭고 긴 소리♪를 가지고 있는데, 아시아코끼리는 600~2,000헤르츠의 높은 소리로 스트레스나 때때로 공격성을 드러낸다. 주파수를 보면 이 동물이 거대한 성대로 이런 소리를 내는 것은 아니라는 사실이 분명하다.

최근에야 우리는 이러한 소리가 실제로 어떻게 만들어지는지 밝혀낼 수 있었다. 코끼리는 입술을 팽팽하게 긴장시켜 그 사이로 공기를 밀어내면서 입술을 진동시켰다. 이러한 기술은 트럼펫 연주자들이 금관악기로 배음倍音, overtone을 증폭시키기 전에 먼저 소리를 낼 때 쓰는 립-버징*과 같은 원리인데, 지금까지 동물의 세계에서 이것은 거의 유례가 없는 독특한 기술이라 할 수 있다.

또 어떤 코끼리는 입으로 공기를 밀어내며 마치 기관총 같은 소리♪♪를 낸다. 미국에는 뱃고동 같은 소리를 내는

♪ 높고 날카로운 코끼리 소리.

아시아코끼리의 영상이 있는데, 이 코끼리는 우리 안에서 훈련하기 위해 사육사를 기다릴 때 늘 이 특별한 소리를 낸다. 내가 조사한 거로는 이 코끼리는 그전에 해안 근처 동물원에 있었는데, 그곳에서 이 소리를 배웠을 것이다. 이런 특별한 소리를 낼 때 어떤 소리 혹은 다른 동물을 흉내 내는 것인지 아니면 직접 만들어 낸 것인지는 정확히 알 수 없다.

이런 종류의 창의성은 인간의 보살핌 속에서 분명하게 드러나지만, 문서로 기록하기 어렵거나 눈에 잘 띄지 않는 야생에서도 있을 수 있다. 요즘은 동물원이나 코끼리 사육장에서도 동물들이 가족이나 사회를 이룰 수 있도록 애쓰고 있다. 시설에 있는 동물은 시간이 많고 먹이를 찾는 데 스트레스를 거의 받지 않는다. 지능이 뛰어난 생명체는 어쩔 수 없이 지루해지기 마련이다. 정확히 이러한 상황에서 코끼리는 때때로 창의력을 발휘해 마치 어린아이처럼 제 목소리를 탐구하기 시작한다.

이런 습성은 환경이 열악한 동물원의 동물한테서 스테

* 트럼펫 같은 금관악기를 연주할 때처럼 입술을 일자 모양으로 붙여 그 붙인 사이를 떨어서 소리를 내는 연주법.

♪♪ 쇤브룬 동물원의 코끼리 몽구는 따따따따따따 소리를 낸다.

레오타입처럼 나타나곤 하는 행동 장애하고는 명확하게 구분된다. 이때 스테레오타입이란 새들이 '고개를 까딱' 거리거나 코끼리가 특유의 '몸짓'을 하는 것처럼 동일하게 반복하는 행동 방식을 말한다. 이럴 때 코끼리는 발길질을 하며 몸을 흔들고 코를 이리저리 흔들거나 머리 전체를 흔든다. 하지만 우리가 관찰한 바에 따르면 소리를 낼 때 코끼리는 몹시 창의적이며, 소리를 단조롭게 반복하지 않고 다양하게 변형한다.

날카롭고 긴 코끼리 소리는 동물이 소리를 내기 위해 성대가 아닌 다른 조직을 써서 어떻게 자신의 소리 스펙트럼을 적극적으로 확장하는지를 보여 주는 좋은 예이기도 하다. 코끼리는 이런 방식으로 주파수의 범위를 확장하며, 이는 어떤 상황에서 동물에게 매우 유용할 수 있다.

예상하지 못한 소리 II ·· 진화를 통해 코알라는 요란하게 울부짖는 법을 배운다

실제로는 유대류에 속하는 호주의 작은 '곰' 코알라는 낮 동안 거의 내내 잠을 잔다. 하지만 수컷이 짝짓기할 준비가 되면 30헤르츠 정도로 낮게 부르짖는 아주 인상적인 짝짓기 소리♪를 낸다. 유칼립투스 숲에서 이 소리를 들으면 마치 거대한 동물이 돌아다니는 것 같다. 그런데 코알라는 그렇게 깊은 울음소리를 낼 만큼 후두가 특별히 크지도, 성대가 특별히 발달하지도 않은 작은 동물이다. 그렇다면 코알라는 어떻게 그런 소리를 내는 것일까?

서식스대학교의 벤 찰튼과 데이비드 레비는 이러한 코알라의 수수께끼를 풀었다. 코알라는 구강 안쪽 부드러운 부분의 연구개軟口蓋 주름이(코를 골거나 할 때 사람들도 이 부분이 떨린다) 매우 길다. 코알라가 숨을 들이마시면서 소리를 내면 후두가 아래로 내려가고 연구개의 주름 두 개가 팽팽하게 펴진다. 이 주름에 공기가 흐르면서 성대처럼 진동하게 되며, 이로 인해 낮은 음색이 만들어진다. 그러니까 코알라는 후두와 연구개, 두 개의 발성기관을 가지고 있는 셈이다.

코알라 커플에게 이 소리는 무척 중요하다. 낮은 소리는 멀리까지 잘 퍼져 나가기 때문에 수풀 속에서도 잘 들을 수 있다. 그리고 이 소리는 매력적인 이성을 선택하는 데도 영향을 미친다. 낮은 소리는 더 크고 강한 몸의 특징이 될 수 있으며, 종종 낮은 소리의 수컷 동물한테서 남성호르몬이 더 많이 분비되기도 한다. 그러니까, 수컷 코알라의 울음소리가 낮고 강할수록 암컷 코알라에게 훨씬 매

♪ 짝짓기 철에 코알라가 내는 소리.

력적이다.

그래서 다양한 동물종들이 발성의 역량을 키워 원래 성대가 낼 수 있는 것보다 더 높거나 낮은 음정을 내려고 한다. 길고 날카롭게 울부짖는 코끼리나 낮게 부르짖는 코알라처럼 말이다. 인간과 아주 가까이 지내는 동물조차 특정한 소리를 내기 위해 또 다른 발성 메커니즘을 이용한다.

예상하지 못한 소리 III·· 개와 고양이는 보상을 통해 학습한다

예를 들어 고양이의 갸르릉 소리♪는 폐에서 나오는 공기의 흐름으로 인한 성대의 수동적인 진동을 통해서만이 아니라, 매우 특별한 신경 자극으로도 낼 수 있다. 고양이의 성대는 매우 짧아서 낮은 갸르릉 소리를 내기는 어렵다.

갸르릉 소리는 주파수가 20~30헤르츠 정도로, 코끼리의 우르렁 소리와 거의 비슷하다. 야옹, 할 때와 달리 갸르릉거릴 때 고양이의 성대는 숨을 내쉬고 들이마시는 것과는 상관없이 근육이 수축하면서 진동한다. 고양이의 뇌에는 일정하게 신경 자극을 보내는 '리듬 생성기'가 있는 것

♪ 고양이가 내는 갸르릉 소리.

같다. 게다가 고양이의 갸르릉 소리는 놀랍게도 거의 연구가 이루어지지 않았다.

현재 그 기능에 대해서는 이론만 있을 뿐인데, 새끼 고양이는 젖을 먹는 동안 태어난 지 며칠 만에 이미 어미와 함께 갸르릉거리기 시작한다. 이것은 서로에게 안정감을 준다. 그런데 고양이는 사람의 다리에 몸을 비빌 때나 투정을 부릴 때, 혹은 사람이 고양이를 쓰다듬을 때도 갸르릉 소리를 낸다. 연구자들은 고양이가 고통스러울 때도 갸르릉거린다고 추측하는데, 일부 연구자는 이때의 진동이 회복과 자가 치유에 긍정적인 영향을 미친다고 추정하고 있다. 고양이 집사들은 고양이들이 아플 때 곁에 와서 눕거나 기대어 갸르릉거린다고 말한다. 하지만 그것은 아마도 잘못된 추론일 것이다. 고양이는 그저 집사가 쉴 때 느긋하게 기댈 기회를 이용하는 것뿐이다.

고양이는 매우 예민한 동물로, 우리 인간의 반응에 민감하게 반응한다. 고양이가 갸르릉거리거나 야옹, 하고 울 때 우리가 어떻게 행동하는지에도 민감하다. 동물은 동종의 행동만 해석할 수 있는 것이 아니다. 무엇보다 우리 인간과 함께 살아가는 동물종은 인간의 행동을 읽어 내는 능력이 뛰어날 뿐만 아니라 이를 자신에게 유리하게 이용하는 법도 배운다.

나는 아주 작은 소리로 짖곤 하는 내 포메라니안 루나를 보면서 그런 행동을 알게 되었다. 루나는 뭔가 원하는 게 있는데 내가 신경 쓰지 못하면 일부러 그런 소리를 내곤 한다. 간식을 원할 때도 있지만, 그것은 '나랑 놀아 줘'라는 뜻이기도 하다. 나는 루나의 그런 행동에 자주 충분히 반응해 주었다. 물론 내 착각이겠지만 그 소리는 실제로 매우 달콤하게 들린다. 동물원을 찾은 관람객에게 먹이를 구할 때 (보통은 매우 흥분했을 때나 내는) 날카롭고 긴 소리를 내는 아시아코끼리처럼 루나는 이러한 속임수를 완벽하게 쓰곤 한다. 이렇게 각자가 낼 수 있는 소리를 본래의 자연스러운 맥락하고는 다르게 쓴다는 것은 놀라운 인지능력으로, '사용법을 습득'하는 일종의 응용 중심 학습이다.

포메라니안 루나는 완전히 의도적으로 작게 짖어 대곤 한다.

예상하지 못한 소리 IV ·· 치타의 소리일까, 새가 내는 소리일까?

동물은 원하는 것을 드러내기 위해 다양한 방법으로 소리를 낸다. 그러니까 소리의 범위 전체를 결정하는 것은 간단하지도 사소하지도 않다. 우리는 동물에 대해 아는 것이 거의 없다. 예를 들어, 치타의 경우 소리의 스펙트럼이 매우 넓은데, 이들은 갸르릉거리거나 야옹 하는 고양잇과 특유의 소리를 낼 수 있는 한편, 그만한 몸집의 어떤 고양이한테서도 결코 들을 수 없는 소리를 내기도 한다.

육지에서 생활하는 포유류 중에서 가장 빠른 것으로 알려진 치타의 사회구조는 다른 고양잇과 동물과 다르다. 스라소니나 재규어는 늘 혼자 지내고, 사자들은 무리를 이루어 살지만, 치타는 정해져 있지 않다. 새끼가 없는 암컷 치타는 혼자 생활하는데, 생후 14개월이면 어미를 떠나는 대부분의 수컷 치타는 사냥할 때나 영역을 지킬 때 서로 협력하기 위해 무리를 만든다. 드넓은 사바나 지역에서 어미와 새끼 혹은 수컷들이 서로를 부르려면 낮고 굵은 소리가 더 적합했을 것이다. 하지만 치타들이 서로를 부를 때 내는 소리나 '짹짹거리는' 소리♪는 이들의 음역대에서 매우 높은 톤이며, 마치 새들이 지저귀는 소리와 몹시 비슷하다. 치타는 왜 이렇게 짹짹거리는 걸까? 왜 치타는 탁 트인 지역에서 더 낮고 굵은 소리를 내지 않는 것일까? 치타가 짹짹거리며 지저귀는 듯한 소리는 새의

♪ 여기에서 짹짹거리며 지저귀는 소리는 새가 내는 것이 아니라 치타의 소리다. 위장하기 위해서 그러는 것일까?

소리와 거의 구별되지 않는다. 심지어는 새들조차 구별하지 못한다.

남아프리카공화국 웨스턴케이프의 어느 개인 사냥 보호구역에서 우리는 어느 정도 거리에서 이 고음을 잘 들을 수 있는지 관찰할 수 있었다. 어느 나무 아래에 자리를 잡고 녹음한 치타의 지저귀는 소리를 틀어 보았다. 시퀀스마다 각각의 울음소리는 몇 초 사이를 두고 재생되었다. 그런데 문득 우리 귀를 붙잡는 소리가 있었다. 나무 위에 앉아 있던 새 한 마리가 우리의 실험에 끼어들고 있었던 것이다. 마치 다른 새와 소통하려는 듯 작은 참새가 녹음기의 울음소리가 멈출 때마다 짧게 응답하며 짹짹거리고 있었다. 우리는 흥분과 동시에 감동을 느꼈다.

이러한 행동 양식이 일종의 청각적인 위장이며, 동물이 주변의 소리 뒤에 숨을 거라는 생각은 오래전부터 해 왔다. 치타는 사자 말고도 하이에나를 비롯해 적이 많기 때문이다. 사자는 기회가 생기면 치타, 특히 새끼 치타를 죽이지만, 절대 먹지는 않는다.

그 이유는 아직 명확하게 밝혀진 바가 없다. 사냥감을 둔 경쟁은 몹시 치열한데, 치타한테는 생쥐부터 작은 영양까지 모두가 먹잇감인데 사자 무리는 버펄로를 특히 좋아한다. 어린 치타는 사망률이 매우 높은데, 그중 약 70퍼

센트가 사자에 의한 것이다.

그래서 눈에 띄지 않기 위한 위장은 생존을 위해 꼭 필요하다. 하지만 어미 동물이 사냥하는 동안 은신처에 숨겨 둔 새끼를 다시 찾는 것도 중요하다. 아마도 진화를 거듭하는 동안 가능한 한 눈에 띄지 않게 소리를 내는 것이 훨씬 효과적이라는 것을 배웠을 것이다. 치타가 지저귀는 소리는 언제나 새들이 지저귀고 있는 사바나에서는 사자가 구별하기 어려울 것이다.

치타는 현재 멸종 위기에 있는데, 인간과 야생동물이 대립하면서 아프리카에서 치타의 서식지가 점점 줄어들고 있기 때문이다. 치타는 동물원에서 번식시키기 어려운 동물이다. 20년 전 아직 학생이었을 때 나는 쇤브룬 동물원에서 처음으로 치타를 보았는데, 그때 나는 짝짓기 철에 암컷을 유혹하며 구애하는 수컷 치타의 울음소리를 들을 수 있었다. 최근 나는 팀원들과 함께 치타의 의사소통과 행동 양식을 자세히 연구하기 시작했다. 우리는 치타와 그 울음소리에 대해서도 더 자세히 밝히려 한다.

3

다른 몸이 되어 보기

관점의 변화는 어떻게 가능할까

이른 아침부터 수컷 치타의 울음소리가 들려왔다. 그때 나는 야생동물 보호구역 근처에 있었다. 동물원은 아직 문을 열기 전이었다. 연구자들에게는 이때가 동물원에서 가장 아름다운 시간이다. 다른 관람객들 없이 온전히 동물을 관찰할 수 있기 때문이다. 게다가 동물원에서 소리를 녹음하기에도 가장 좋은 시간이다. 2001년, 나는 빈에 있는 쇤브룬 동물원의 큐레이터인 해럴드 슈바르머의 연구조교로 일하면서 치타의 짝짓기 행동을 연구하고 있었다. 흥분한 수컷 치타는 여기저기 킁킁거리며 냄새를 맡고 규칙적으로 마킹을 하고 보호구역 안을 이리저리 돌아다니며 울부짖었다. 조금 높은 곳에 오줌을 뿌리는 식으로 마킹을 하며 땅바닥을 뒷다리로 긁어 자신만의 확실한 흔적을 남겼다. 암컷 치타가 전날 밤 이곳에서 밤을 보낸 후 냄새를 남기고 떠난 것이 분명했다. 수컷 치타의 행동은 짝짓기할 준비가 되었다는 뜻이었다.

치타의 수수께끼

쇤브룬에서는 언제나 번식이 잘 이루어지는 편이었으나, 사실 동물원에서 치타를 사육하는 건 매우 어려운 일이다. 치타의 번식행동은 아직까지 완전히 풀리지 않은 채 몇 가지 수수께끼로 남아 있다. 치타는 전형적인 고양잇

쇤브룬에서는 치타 새끼가 자주 태어나지만, 그들의 번식에 대해서는 아직 밝혀지지 않은 것이 많다.

과하고는 좀 다른데, 전속력으로 달리기 위해서는 바닥을 힘차게 밀어내야 하기 때문에 발톱을 움켜쥘 수 없으며, 울부짖는 대신 갸르릉거린다. 치타는 낮에 활동하며 높은 곳에 잘 오르지 못한다. 야생에서도 상황이 치타에게 호락호락하지는 않다. 아무도 치타를 좋아하지 않는다. 사실 치타는 닭을 훔치거나 하는 적이 거의 없는데도 농부에게 쫓기는 신세고, 사자하고도 적대 관계다.

등에 갈기가 있는 어린 치타는 사바나 지역 대부분의 동물들이 피하곤 하는 공격적인 벌꿀오소리와 생김새가 비슷하다. 벌꿀오소리는 심지어 사자나 표범에게도 지지 않으며, 독사에게 물려도 끄떡없다. 벌꿀오소리는 세상에서 가장 겁이 없는 동물이라고 알려져 있는데, 어린 치타가 조금이라도 벌꿀오소리와 닮았다면 그건 이들에게 아주 유리할 수 있다.

생물학에서는 이런 식의 모방을 베이츠 의태Batesian mimicry라고 하는데, 1862년 처음으로 이에 대해 설명한 헨리 베이츠의 이름을 따온 것으로, 힘이 약한 동물이 적을 속이기 위해 방어 능력이 있거나 적이 잡아먹을 수 없는 동물을 흉내 내는 것을 말한다. 치타는 서식지에서 다양한 경쟁자들과 다투어야 하므로, 벌꿀오소리로 위장하는 것부터 (앞에서 살펴보았듯) 새의 울음소리를 내 의사소통을 하는 것까지, 다양한 적응 전략을 개발해 왔다.

당시 초보 연구자였던 나는 치타가 하는 행동의 모든 특징을 파악하고 싶었고, 그만큼 더 연구하고 싶었다.

어떻게 하면 동물에게 귀 기울일 수 있을까?

처음 치타를 관찰하면서 생긴 의문은 20년이 지난 지금까지도 그대로 남아 있다. 행동학자로서 나는 새로운 동물종에 어떻게 다가가야 할까? 동물의 행동을 '읽고' 이해하는 법을 어떻게 배울 수 있을까? 이 질문들은 동물원 관람객이나 반려동물과 함께 사는 사람들, 여행자들, 사파리 관람객들에게도 흥미로울 것이다. 동물을 관찰하는 걸 좋아하는 사람들은 많지만 어디서부터 시작해야 할지, 동물이 행동하는 방식을 더 알려면 어떤 것에 신경 써야 하는지는 대부분 제대로 알지 못한다.

과학자로서, 동물원이나 동물구조센터 혹은 사육장 같은 새로운 기관에서 어떤 프로젝트를 할 때면 나는 제일 먼저 그곳의 사육사나 조련사, 가이드, 레인저 들과 이야기를 많이 나눈다. 사육사들은 다양한 지식을 가지고 있다. 20년간 살쾡이를 보살피면서, 여가 시간을 포함해 매일 함께 시간을 보내는 사람은 치타에 대해서 많이 알게 된다. 동물마다 독특한 개성이 있기 때문에, 직접 돌보는 동물에 대해서는 더욱 그렇다. 사육사는 동물에게 먹이를 주고, 우리를 청소하고(동물의 배설물을 통해서도 많은 것을 배울 수 있다) 동물의 건강에도 주의를 기울인다. 그들은 동물과 직관적으로 교류한다. 그들은 나로서는 처음에 인지조차 할 수 없었던 동물 소리의 미세한 차이까지도 구분할 수 있다.

특정한 동물종 혹은 각각의 개체에 대해 더 많이 알고자 할 때 내게는 아래의 일곱 단계가 도움이 되었다.

스텝1‥어떠한 선입견도 없이 최대한 객관적으로 관찰하기

동물을 관찰하는 것은 하나의 과정이다. 중요한 것은, 일단 동물과 함께 시간을 보내는 것이다. 과학적인 관점과는 아무 상관 없이 말이다. 그래서 나는 가만히 앉아서 그저 흥미롭게 동물을 관찰하며 그 과정을 즐긴다. 가장 좋은 경우, 행동생물학의 모든 연구 프로젝트는 바로 여기에서 시작된다. '애드립 샘플링'이라고 하는 이런 과정은, 관찰하면서 인상적이었던 것들을 체계적으로 기록하고 정리하는 것이 아니라 주관적인 감상을 메모하는 것이다. 그렇게 하면 동물과 친숙해지고 동물이 어떻게 냄새를 맡고 어떻게 소리를 내는지 알아차리기 쉬워진다. 그렇게 나는 동물을 전체적으로 파악하려 애쓰고, 그러기 위해 동물의 몸짓과 자세, 움직이는 방법과 상호작용을 하는 방법에 대해 알아차리려고 노력한다.

물론 내 경우, 행동생물학자로서의 관점을 아주 버리고 생각하기란 쉽지 않다. 저 동물은 어떻게 움직일까? 어떤 순서에 따라 움직이는 것일까? 누울 때는 어떻게 할까?

위협할 때는 어떤 몸짓을 하고 또 놀아 달라고 조를 때는 어떻게 할까? 동물의 하루 리듬은 어떨까? 무언가를 해석하고자 할 때 나는 곧장 다음 단계로 넘어가 자료들을 들여다본다.

스텝2‥'행동 목록'을 참조하기

이제 책상 앞에 앉아 과학 저널에 실린 산더미 같은 논문을 파헤쳐야 할 때이다. 대부분의 행동은 이미 수차례 설명되어 있고, 이른바 '에토그램'이라고 하는 행동에 대한 자세한 설명 또한 찾아볼 수 있다. 이에 따라 자신만의 연구를 계획할 수 있다.

종종 삽화로 그려 넣기도 하는 에토그램은 행동의 카탈로그라고 할 수 있는데, 재미있는 동물 백과사전 같은 것이 아니라, 동물의 행동 방식에 대해 그림과 텍스트로 가능한 객관적으로 정리해 놓은 것이다. 예를 들어 치타의 '걷기'에 대해서는 이렇게 정의되어 있다. "치타는 네 개의 팔다리를 번갈아 움직이며 A 지점에서 B 지점으로 이동하는데, 이때 한 발은 항상 바닥에 닿아 있다."

이보다 더 객관적일 수는 없을 것이다. 예를 들어 고양이가 발을 핥은 다음 얼굴을 닦는다고 할 때, 이를 두고 그대로 "고양이가 제 몸을 핥는다"고 써서는 안 된다. 거기에는 너무나 많은 의미가 들어 있으니 말이다. 그러므로 동물의 행동을 더욱 정확하고 세밀하게 나누어 기술하는 것이 중요하다.

이것은 매우 중요하다. 예를 들어 어느 연구기관에서 유전자 변형 생쥐를 연구하는 경우, 종종 유전자 변형으로 변화된 행동 양상이 그 기준이 된다. 이러한 변화를 실제로 인지하려면 '행동 표준'으로서의 에토그램 없이는 불가능하다.

스텝3 ·· 동물종에 대한 감각을 발달시키기 위해 인내심을 가지고 지켜보기

시스템은 물론 매우 중요하지만, 관찰에서 경험을 능가하는 것은 없다. 때때로 이렇게 한자리에 앉아 아무 선입견 없이 냉정하게 관찰만 하는 일은 반드시 필요하다. 한 동물종을 20년 넘도록 연구한 사람이라 해도 이러한 관찰은 반드시 계속해야 한다. 이러한 관찰에서 때때로 우리는 큰 기쁨을 얻기도 하고, 모든 일이 그렇듯 실의에 빠질 때도 있다. 국립공원에서 12시간씩 동물을 뒤쫓고도 제대로 된 실험을 하지 못하거나 의미 있는 결과를 얻지 못할 때는 크게 좌절하기도 한다. 이런 상황일 때는, 하루 일과가 끝나고 난 뒤 물가에 차를 세우고 그저 일몰을 즐기는 것도 도움이 된다. 나는 코끼리나 혹멧돼지 같은 동물을 관찰하고 또 이들의 소리에 귀를 기울이며 내가 이 일을 얼마나 사랑하는지 되새기곤 한다.

관찰에는 인내와 끈기가 필요하다. 처음에는 동물의 귀가 움직이는 것만 보아도 행복해진다. 내 학생들은 동물원에서 행동생물학 실습을 하거나 연구 답사를 가서 처음으로 동물을 관찰하다가 그것이 얼마나 힘든 일인지 깨닫곤 한다.

보통 20~30분씩 나누어 관찰하는데, 이 시간 동안은 동물에게서 절대 눈을 떼어서는 안 된다. 아주 작은 행동 하나라도 놓쳐서는 안 되는 것이다. 어떤 행동은 종종 갑자기 나타나게 마련이고, 동족을 힐끔 쳐다보는 것 같은 몇몇 행동은 아주 짧은 순간에 일어난다. 현장에서 긴 시간 지속적으로 관찰하는 건 쉽지 않다. 물론 동물의 행동을 영상으로 찍었다가 나중에 실험실에서 아주 천천히 슬로모션으로 볼 수도 있지만, 이 역시 아주 많은 시간이 든다.

귀의 움직임으로 돌아가 보자. 수년간 동물들과 함께 하면서, 나는 특정한 상관관계를 알게 되었다. 예를 들어, 귀가 쫑긋하면 이어서 꼬리 끝도 움직인다. 나는 이제 더 이상 그 움직임이 무엇을 뜻하는지 고민하지 않아도 된다. 그것은 코끼리의 보디랭귀지인 것이다. 20년 동안 코끼리를 연구한 나는 이제 코끼리의 기분이 어떤지, 내가 더 가까이 다가가도 될지 어떨지 직관적으로 알 수 있다. 나는 코끼리가 긴장하고 있는지 어떤지, 내가 어느 정도 다가갈 때 코끼리가 조금이라도 불안해지는지 알고 있다.

팀원들과 함께 아프리카 국립공원에서 지프를 타고 어느 주도로를 지나고 있을 때, 코끼리 무리가 자동차 가까이 다가왔다. 워낙 차를 타고 오는 관람객이 많은 곳이어서 동물들도 자동차에 익숙했다. 관람객이 다닐 수 없는 샛길에서 코끼리들을 마주쳤다면, 코끼리들은 멀찍이 떨어졌을 것이다. 천천히 접근해야 한다. 어느 정도 거리를 유지하고 다가가야 코끼리가 도망가거나 우리를 위협하지 않을까? 이럴 때 나는 종종 반대의 상황을 만들어 본다. 차를 세우고 동물이 천천히, 먼저 다가오기를 기다리는 것이다.

대형 포유류를 연구할 때, 동물의 움직임이나 이들이 보내는 신호를 직관적으로 해석하는 것은 연구뿐 아니라 생존을 위해서도 매우 중요하다. 특히 소리를 녹음할 때는 최대한 코끼리에게 가까이 다가가야 하지만, 동물 개체가 회피하거나 공격하지 않는 개체거리*는 반드시 유지해야 한다. 이 개체거리는 동물마다 크게 다를 수 있는데, 같은 동물이라도 상황에 따라 달라질 수도 있다.

어쩌면 동물의 행동을 '읽는' 방법을 배우는 것은 언어를 배우는 과정과도 비슷할지 모르겠다. 우리는 일반적으로 어휘 학습으로 시작해서 경험을 통해 감각과 청각을 발달시킨다. 동물의 행동을 관찰할 때도 마찬가지다. 코끼리가 귀를 세우면 주의를 기울이고 있다는 뜻이라는 것을 학습하는 것이다. 그런 식으로 관찰을 통해, 이 언어에서는 문장이 이렇게 구성되는구나, 알아차리는 것이다. 말을 하거나 들을 때 특정한 감각이 생겨 갑자기 어떤 뉘앙스를 알아차리게 되면 더 이상 생각할 필요 없이 곧장 메시지를 '이해'하게 된다.

스텝4‥다양한 방식으로 특정 개체의 목소리를 인지한다

어떤 동물종에 대해 안목을 키워야 하듯, 우리는 새로운 동물에 대해서도 언제나 '귀를 기울여야' 한다. 2000년대 초 아프리카코끼리의 초기 청각 발달에 관해 박사 논문을 쓰기 위해 쇤브룬 동물원에서 많은 시간을 보냈는데, 그때 나는 '어떤' 코끼리가 '말하고' 있는지 정확하게 알 수 있었다. 우리가 음색으로 사람을 구별하는 것처럼, 나는 동물의 목소리로 각 개체를 구별할 수 있다. 이것은 사

* 어떤 동물 개체가 특별한 관계가 없는 동종의 다른 개체의 접근을 허용하는 최소 거리인데, 기본적으로 종에 따라 정해져 있다.

람이든 동물이든 해부학적으로 성도의 특성이 제각기 다르기 때문이다. 사람처럼 동물도 자신만의 특별한 '개성'을 가지고 있으며, 목소리에도 각기 다른 개성이 있다. 이것은 소통하고자 하는 욕구에서 기인하는데, 어떤 개체는 다른 개체보다 더 많이 '말'을 하거나 소리를 낸다. 쇤브룬 동물원의 뛰어난 암컷 코끼리 통가는 매우 빠르게 흥분하고 그만큼 소리를 더 많이 낸다. 통가는 매우 멋진, 구르는 듯한 우르렁 소리를 내는 반면, 몇 년 전에 죽은 점보는 좀 쉰 듯한 낮고 거친 소리를 냈다.

이런 차이를 제대로 설명하는 게 쉽지 않은데, 이를 과학적으로 기술하는 것 또한 매우 어려운 일이다. 인간의 청각은 매우 차별화된 방식으로 기능하며, 아주 미세한 많은 차이를 인지하기 때문에, 성능이 뛰어난 분석 프로그램을 이용한다 해도 이를 정확하게 파악하고 연구하는 건 매우 어렵다. 예를 들어 주파수의 기본적인 진동과 변조 같은 많은 파라미터를 정밀하게 측정할 수 있다 해도 이것은 여전히 전체에서 일부일 뿐이다. 평균적으로 20개의 음향 파라미터를 통계적으로 비교할 수 있는데, 녹음된 음질의 차이 때문에도 모든 것을 제대로 측정할 수 있는 것은 아니다. 녹음에서 분석에 이르기까지 기술이 점점 더 좋아지고 있지만, 우리 뇌와 지각 능력은 여전히 디지털화

된 시스템보다 훨씬 더 예민하고 복잡하게 작동한다.

어느 고유한 분야에서 한 사람이 전문가가 되기 위해서는 긴 시간과 실무 경험이 필요하다. 20년 전과 지금은 관찰하는 방식이 완전히 달라졌고, 나는 동물을 훨씬 더 깊고 세심하게 '읽을' 수 있게 되었다. 내게 코끼리는 모두 다르게 생겼고, 개체마다 소리도 전혀 다르다. 지금까지 관찰한 코끼리의 모든 모습과 직접 수행한 수많은 코끼리 연구, 문헌에 기술되어 있는 모든 것들이 내 머릿속에 겹겹이 쌓여 해석의 기초를 만들어 주고 있는 듯하다. 처음에는 전혀 의미 없어 보였던 것들, 그냥 흘려보냈던 사소한 것들이 비로소 눈에 들어온다. 그것들 역시 중요하다는 사실을 이제야 깨닫게 된 것이다. 사소하다고 여겼던 많은 사실을 통해 나는 이제 더 빠르게 코끼리의 전반적인 상태와 코끼리의 성격, 기분을 추론할 수 있게 되었다.

스텝5‥귀를 기울이지 않으면 알고 있는 것만 들린다

나는 다른 사람은 듣지 못하는 것을 듣고 인지할 때도 있는데, 친구들과 사바나 지대를 지나다가 낮게 우르렁거리는 소리를 느낄 때가 있다. "지금 들었어?" "아니, 무슨 소리?" "멀리서 트럭 소리 같은 거 나지 않아? 낮은 천둥소리 같기도 하고 말이야. 지금 저 소리 정말 안 들려? 그럴리 없어! 자, 조용히 하고 가만히 한번 들어 봐!" 그러고 나면 갑자기, 친구들에게도 그 소리가 들리기 시작한다. 내 청각은 자연스럽게 그렇게 훈련되어 있는 것이다. 사람들과 얘기를 나누는 중에도 나는 가능한 한 코끼리 소리를 놓치지 않는다.

연구자라면 그렇게 학습이 되어야 한다. 섬세한 감각과 청각을 발달시켜야 한다. 관찰하는 동안이나 실험하는 동안 제대로 활용할 수 있으려면 이러한 듣기는 자동으로 훈련이 되어야 한다. 동물을 관찰하는 동안에는 카메라의 포커스부터 녹음기 기능까지 고려해야 할 것들이 너무 많기 때문이다. 실험하는 동안 차 안에 앉아 있을 때도 나는 각 개체를 구별하면서 계속해서 눈을 떼지 않는다.

스텝6‥과학자로서, 나는 '동물에게 깊이 공감하는 것'과 '동물과 일정한 거리를 두는 것' 사이의 아슬아슬한 경계를 넘나들어야 한다

한 걸음 한 걸음 동물에게 천천히 다가가다 보면 예상치 못한 것들을 얻게 되는데, 그 한 가지는 관점의 변화이다. 나는 조금씩 동물의 입장이 되어 동물이 왜 그렇게 행동하는지, 그다음에는 또 어떻게 행동하는지 더 잘 이해하고 배울 수 있었다. 두 번째로, 이것은 잠재적으로 동물원 관람객이나 반려동물과 함께하는 사람들보다 과학자에게 더 중요한 문제가 될 수 있는데, 어떤 동물을 자주 보다 보면—동물을 알기 위해 그렇게 해야 하기도 하지만—그 동물과 유대감이 생기게 되고 자동적으로 감정이 발전하게 된다. 이것은 매우 인간적인 성향이다.

특히 어린 동물을 대할 때는 감정을 배제하는 게 쉽지 않다. 우리 연구팀의 주요 과제 가운데 하나는 음향의 개체발생, 그러니까 어린 동물은 어떻게 의사소통을 배우는가, 하는 것이다. 박사 논문을 쓰면서 나는 두 달간 나이로비의 코끼리 고아원에서 일한 적이 있다. 그곳에서 나는 주로 밀렵이나 다른 비극적인 상황으로 어미를 잃은 생후 3~15개월 사이의 아기 코끼리들을 돌보았는데, 그때 태어난 지 3개월밖에 안 된 아주 작은 새끼 코끼리 마디바가 특히 내 마음을 사로잡았다. 하지만 진지하게 학문을 연구하려면, 동물의 행동을 최대한 객관적으로 관찰하기 위해 연구 대상 동물과 거리를 두어야 한다. 이것은 아주 아슬아슬한 일이다. 두 가지 능력 모두 아주 중요하기 때문이다. 한편으로는 개인적인 판단을 배제하고 진지하게 관찰하는 것 그리고 다른 한편으로는 함께하는 동물을 좋아하는 것, 두 가지 모두 아주 중요한 것이다.

하나의 감정은 다른 감정을 불러일으킨다. 연구를 위

해 적극적으로 행동하고 늘 호기심을 가지고 탐구심을 유지하려면 감정이 풍부해야 하고 마음을 강하게 먹어야 한다. 이런 열정이 없다면 동물을 관찰하기 위해 날마다 새벽 5시에 일어나 밖으로 나갈 수 없다. 반면 과학적인 관찰을 할 때는 동물의 행동을 체계적으로 살펴야 한다. 그러므로 연구자는 연구에 감상적으로도 임할 수 있어야 하며, 동물들을 관찰하고 대할 때는 객관적이고 이성적으로 임할 수도 있어야 한다. 무엇보다, 연구자들은 이 두 영역을 서로 구분할 수 있어야 한다. 그러지 않으면 좋은 과학자가 될 수 없다.

스텝7‥과학적 성찰

이렇게 가능한 객관적으로 관찰하고 수집한 데이터를 체계적으로 처리해야 이후 근거 있는 주장을 펼칠 수 있다. 동물에게도 감정이 있다는 사실은 이미 여러 연구를 통해 입증되었다. 예를 들어 불안도 하나의 감정인데, 이것은 다양한 구성 요소로 세분할 수 있다. 사람의 경우 불안할 때 자세가 바뀌고, 종종 몸을 더욱 웅크리게 되는데, 이것이 바로 행동적 구성 요소이다. 이때 상황을 파악하려면 감각이 예민해지는데, 이것은 인지적 구성 요소이다. 또한 생리적 구성 요소에는 신체 반응이 포함되는데, 입이 마르고 심장박동이 빨라지며 필요한 경우 도망갈 준비를 하는 것이다.

신경과학 분야의 비교연구에 따르면, 인간의 감정 발달에 중요한 역할을 하는 뇌의 일정 영역이 동물, 특히 포유류한테서도 같은 기능을 한다는 사실이 밝혀졌다. 이것은 인간과 포유류의 경우 위협을 받을 때나 즐거울 때 똑같은 뇌 영역이 활성화된다는 뜻이다. 그리고 이에 따르는 행동 반응도 관찰하면, 특정 상황에서 인간과 동물이 매우 유사하게 반응함을 알 수 있다. 신경과학, 생리학, 행동 및 인지 생물학은 오늘날 적어도 모든 포유류의 감정을 인지하는 데까지 이르렀으며, 이러한 인식은 멀리 심리학자이자 신경과학자, 정신생물학자인 자크 판크세프까지 거슬러 올라간다.

사실 최근까지만 해도 동물에게 감각과 감정이 있다는 것을 늘 의심해 왔으며, 이들의 의사소통도 순전히 본능적인 것이라고 받아들였다. 하지만 이제 우리는 동물이 단지 '반사적으로' 소리를 낼 뿐 아니라, 그때그때의 상황과 주변에서 일어나는 일에 따라 소리를 낸다는 사실을 알게 되었다. 어떤 행동에 합당한 이유가 있을 때만 소리를 내는 것이다. 새끼 치타는 사자가 근처에 있을 때는 어미를 부르지 않는다. 지금 당장 울고 싶더라도 말이다. 사자가 나타나면 새끼 치타는 조용해진다. 다른 어떠한 행동도 치명적인 실수가 될 수 있기 때문이다.

종에 따라, 또 위협의 정도에 따라 경고음은 달라지는데, 이는 동물 특히 가축이 우리의 주의를 끌기 위해 의식적으로 이런 소리를 사용한다는 것으로 증명되고 있다. 동물이 어떤 의도로 행동하는지를 입증하는 구체적인 사례들은 동물에 대한 우리의 생각을 서서히 바꾸어 놓고 있다.

과학은 이러한 인식을 통해 동물과 종 보존에 도움이 되는 것들을 많이 얻을 수 있었다. 과학은 종의 멸종에서 부적절한 동물 사육에 이르기까지, 각종 폐해를 드러내는 증거를 제시해 보이고 있다. 우리는 동물이 번식하고 사회적인 행동을 하고, 생존을 위한 기본적인 욕구를 충족시키며 '멋진 삶'을 영위하려면 어떻게 해야 하는지, 또 동물에게 해를 끼치는 것은 무엇인지 연구하고 있다. 이러한 연구에서 동물의 발성 행동은 종종 아주 중요한 역할을 한다.

4

너무나 익숙한, 너무나 놀라운 II

현대의 기술을 이용해
어떤 숨겨진 소리를
찾을 수 있을까

언젠가 코끼리 무리가 초저주파음으로 의사소통하는 걸 엿듣고 있었는데, 무엇 때문인지 갑자기 코끼리들이 물가에 나타난 적이 있었다. 초저주파음의 신호는 문서로 기록해 놓지 않으면 잘 알 수가 없다. 하지만 내 목표는 이 동물의 세계에 대해 단순한 통찰 이상의 것을 알아내고 싶었다. 우리가 초저주파음을 녹음할 수 있는 마이크를 쓰는 것도 그 때문인데, 소리를 가시화함으로써 동물의 발성 세계에 더 깊이 들어갈 수 있는 방법도 있다.

소리를 눈에 보이게 만들어 주는 음향카메라

이 세계로 들어가기 전에 한 걸음 물러나 소리가 어떻게 만들어지는지 한번 떠올려 보자. 사람의 경우, 후두에서 만들어진 소리는 대개 구강을 통해 외부로 나간다. 반면 동물은 코를 이용해 소리를 낸다. 예를 들어 어떤 개는 입을 벌려 짖어 대지만, 코를 이용해 으르렁거리기도 한다. 코끼리 역시 소리를 낼 때 입 말고 긴 코도 쓴다. 과학자로서 내게는 당연히, 코끼리가 어떤 조건에서 어떤 '채널'을 이용하는지, 또 왜 그런지 밝혀내고 싶은 포부가 있다.

살아 움직이는 동물이 소리를 낼 때 실제로 어떤 일이 일어나는지, 앞 장에서 설명한 후두 연구실의 실험으로는

대형 음향카메라인 '스타 어레이'에는 48개의 마이크 채널이 달려 있어서, 특히 낮고 깊은 소리를 찾아내 시각화할 수 있다.

재현할 수 없다. 그래서 진화생물학자 테쿰세 피치는 실험용으로 준비된 후두뿐 아니라, 활달하게 움직이는 동물도 함께 연구한다. 개와 염소, 마카크원숭이 한 마리를 방사선 장치를 통해 직접 지시하면 짖거나 울도록 훈련했다. 피치는 언어의 발달에 영향을 미치는 해부학적 조건에 관심이 많았다. 인간과 동물의 유사점과 차이점은 어디에 있을까? 하지만 코끼리는 방사선 장치를 쓰기에는 덩치가 너무 컸다. 코끼리가 입으로 소리를 내는지 코로 소리를 내는지 어떻게 알 수 있을까? 이것은 트럼펫 소리를 낼 때처럼은 아니더라도 소리의 구조와 톤에 아주 큰 영향을 미친다. 특히 코가 '비강성도'로서 코끼리의 긴 코처럼 확장되어 있을 때는 더욱 그렇다. 이때는 새로운 기술이 동원된다.

몇 년 전부터 우리는 소리를 시각화할 수 있는 '음향카메라'를 연구에 사용해 왔다. 소리를 시각화하는 작업은 수십 년 전부터 소음의 진원지를 알아내려는 산업에서 주로 해 왔다. 제조업과 각종 산업 시설, 기계와 모터 혹은 헬리콥터나 비행기를 생산하는 산업들이 그렇다. 우리는 베를린에 본사를 둔 혁신기술기업과 협력한 덕분에 이런 장치를 연구에 사용할 수 있었다.

그런데 이렇게 매력적인 장치는 어떻게 작동하는 것일까? 이 음향카메라의 중심에는 모델에 따라 달려 있는 마이크 개수가 다르다. 삼각대 구조로 3개의 대형 측정기가 설치되어 있는 '스타 어레이'는 48개의 마이크 채널이 있는 대형 장비이다. 이 모델은 특히 낮고 깊은 소리를 포착하고 큰 물체의 위치를 파악하는 데 적합하다. 2019년 보츠와나에서 현장 조사하면서 우리는 특별히 96개의 마이크가 달려 있고, 가지고 다니기 편한 3D 버전의 음향카메라를 추가로 마련했다.

이 마이크들은 단지 소리를 녹음할 뿐만 아니라, 이미지까지 전송한다. 각 음원까지의 거리가 모두 다르기 때

음향카메라를 이용해 소리의 근원지를 알 수 있는데, 코 부분에 있는 동그라미는 컬러로 보면 무지개색이다.

문에 소리가 각각의 마이크에 도달하는 시간도 조금씩 차이가 나고, 이러한 경미한 시간 차이는 각 마이크에 따로 기록된다. 이렇게 수집한 정보로 음원의 정확한 위치를 계산할 수 있다. 그리고 각 구조물의 중심에는 '사운드 이미지'를 전송하는 고해상도 카메라가 달려 있어서, 최종적으로 소리가 어디에서 시작되는지, 또한 그것이 어떤 동물의 소리인지 그리고 어느 기관에서 나는 소리인지, 녹화된 영상에 컬러로 표시되어 있는 것을 확인할 수 있다.

낮은 톤으로 이어지는 사바나의 장거리 대화

코끼리의 코와 입이 (상대적으로) 멀리 떨어져 있다는 사실은, 우리에게는 크게 유리하게 작용한다. 우리는 음향카메라 덕분에 코끼리 코에서 어떤 소리가 나는지, 입에서는 또 어떤 소리가 나는지 어렵지 않게 알 수 있었다. 처음으로 코끼리가 두 개의 청각기관을 통해 우르렁거리는 소리를 낸다는 것을 확인할 수 있었으며, 다양한 우르렁 소리가 어떻게 그리고 어떤 방식으로 발생하는지 알 수 있었다. 암컷 코끼리의 비강성도는 성대에서 코끝까지로 약 1.5미터 정도이고, 후두와 입 사이 거리는 약 70~80센티미터이다. 소리만 들어도 알 수 있지만, 이것은 엄청난 차이다.

쥐에서부터 악어, 코끼리까지 대략 비슷한 법칙이 적용되는데, 후두의 위쪽에 있는 발성기관이 길면 길수록 포르만트, 그러니까 어떤 시그널에서 증폭된 주파수 범위는 더 깊고 낮아진다. 소리가 깊고 낮을수록 음파는 길어지는 것이다. 10헤르츠일 때 음파의 길이는 30미터 정도인데, 이는 낮고 깊은 소리가 주변 환경에 더 잘 전파된다는 것을 의미한다. 30미터 정도의 음파를 가로막는 물체가 많지 않기 때문이다. 낮고 깊은 소리가 언제 어디서나 훨씬 더 넓은 범위까지 도달한다는 사실은 물리학적으로 명백한 사실이다.

이 사실은 코끼리를 연구하는 데 큰 의미가 있다. 코끼리는 매우 유연한 사회구조에서 생활하는데, 코끼리 무리는 먹이를 먹기 위해 낮에는 종종 흩어져 지낸다. '핵분열-융합 사회'*란 이런 유형의 공동생활에 대한 행동생물학의 전문용어이다. 코끼리는 서로 떨어져 있으면서도 일정하게 거리를 유지하며 소리를 이용해 소통하고 의견을 조율한다. 나중에 다시 만났을 때 이들은 서로 사회적으로 연결되어 있음을 확인하고 소리를 내어 몹시 기뻐한다.

바로 여기에서 차이점을 찾을 수 있는데, 코끼리는 아주 멀리 떨어져 있으면서도 소통하고 싶을 때, 코를 이용해 소리를 낸다. 코끼리는 특히 장거리 소통에 필요한 저주파를 증폭하기 위해 긴 성도를 이용한다. 하지만 10분 정도 잠시 떨어졌다가 다시 만나 인사를 나눌 때는 몇 분간의 환영 의식을 한다. 매혹적인 합창이 시작되면, 코끼리들은 모두 앞다투어 트럼펫 소리를 내고 우르렁 소리를 낸다. 코끼리들은 아주 가까이 다가가 계속해서 서로 몸을 부대끼며 함께 소리를 낸다. 이때 코끼리는 입으로 소

* 생태학에서 핵분열-융합 사회는 시간이 흐르면서 동물이 장소를 이동함에 따라 사회집단의 크기와 구성이 변하는 사회이다. 동물은 그룹으로 모여서 함께 자거나 뿔뿔이 흩어져 먹이를 찾는다. 주로 영장류, 코끼리, 고래류, 사회적 육식동물 들에서 발견된다.

리를 내면서 소리의 더 높은 고주파 음역대를 증폭시킨다. 이런 식으로 코끼리는 개성과 무리에 대한 소속감 그리고 무엇보다 감정 같은 많은 사회적 정보를 나눈다.♪

야생동물의 소리를 녹음하는 것은 일종의 표적실험이기도 한데, 이것은 마치 콘서트 공연과도 같다. 연구책임자인 나는 이 공연의 감독으로서, 매 순간 모든 참여자의 안전을 책임져야 한다. 그리고 감독의 계획을 모두에게 알려 주고, 각자 무엇을 해야 할지 알고 있어야 한다.

동물과 함께 작업하는 데 익숙하지 않은 기술자들은 문득, 앞에 살아 움직이는 코끼리가 있다는 사실에 숙연해진다. 이들은 코끼리가 코를 뻗을 때 그 코가 얼마나 긴지 깜짝 놀라기도 한다. 무리를 흩어 놓고 싶을 때는, 코끼리들에게 그렇게 하도록 지시하는 사육사가 있다. 코끼리들은 때로는 기분이 아주 좋지만 때로는 아주 비협조적이거나 부주의할 때가 있는데, 뒷걸음질할 때 뒤에 누군가 있다는 사실을 간과해 버리기도 한다. 실험이 성공하려면 동물이 마이크와 일정한 거리를 두고 있어야 하고, 소리가 발생하는 위치를 파악하기 쉽도록 너무 한꺼번에 몰려서 움직이지 않아야 한다. 소리가 나는 동안 동물이 '카메

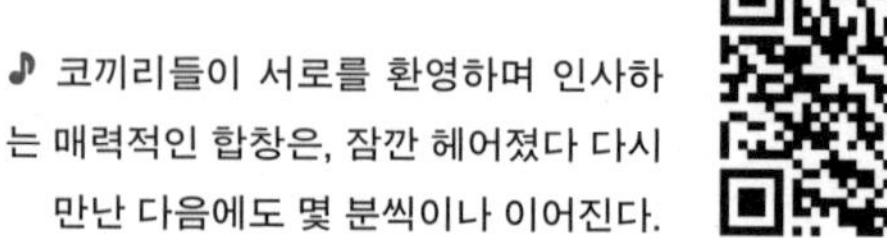
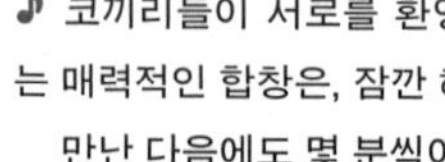

♪ 코끼리들이 서로를 환영하며 인사하는 매력적인 합창은, 잠깐 헤어졌다 다시 만난 다음에도 몇 분씩이나 이어진다.

라를 보고' 있다면 더없이 좋은 일이다. 사용할 수 있는 데이터를 얻기 위해서는 인내심과 에너지, 잘 짜인 계획과 팀워크 그리고 감독관 들이 필요하다는 것은 다들 충분히 상상할 수 있을 것이다.

'멜론'을 이용한 반향정위 ·· 바다 아래에서 들리는 딸깍 소리

해수면 아래에서는 또 다른 장면이 펼쳐진다. 돌고래의 분기공噴氣孔, blowhole을 알고 있는지. 돌고래는 해수면 위로 올라오자마자 분기공으로 오래된 공기를 내뱉는다. 이렇게 공기를 내뿜으면 분기공 아래쪽 콧구멍 조직이 진동하는데, 이것은 우리가 성대를 진동시키는 것과 똑같다. 하지만 돌고래에겐 성대가 없다. 대신 돌고래들은 '멜론'이라는 기관으로 진동이 전달되는데, 이마 안쪽에 지방으로 채워져 있는 이 기관은 일종의 음파탐지렌즈*이다. 멜론은 음파를 한데 모아 앞쪽으로 내보내는데, 돌고래 특유의 딸깍, 하는 소리가 난다. 정확하게 말하면 주파수 최대 130,000헤르츠의 딸깍 소리가 연속적으로 나는 것이

* 이 기관을 이용해 돌고래는 초음파를 발사하며 초음파는 맞은편의 장애물에 맞고 반사되어 돌아온다. 반사되어 오는 신호를 이용해서 앞에 물체나 먹이가 있는 것을 인지한다.

돌고래는 분기공으로 숨을 쉴 때 아래쪽에 있는 콧구멍 조직과 '멜론'이라는 독특한 기관을 통해 딸깍, 하는 소리를 낼 수 있다. 이 소리로 방향을 찾아간다.

다. 돌고래는 이 소리를 특별한 기술에 사용하는데 바로 반향정위反響定位, echolocation*를 측정하는 것이다.

반향정위는 주변 환경을 정확하게 인지하는 데 유용하다. 돌고래가 소리를 낼 때 저항이나 장애물에 부딪히면 그 소리는 각기 다른 시차를 두고 형태를 바꾸어 반사되는데, 돌고래는 이 정보를 서로 맞추어 보고 조정한다. 이런 식으로 돌고래는 장애물이 어떤 종류인지 인지할 수

* 생물이 음파를 발사하고 대상 물체에서 오는 반향을 수신하여 물체를 판별하고 위치 들을 인지하여 항해에 필요한 정보를 얻는 것. 반향정위를 사용하는 생물로서 육상에는 박쥐가 있고, 수중에는 돌고래가 있다.

있으며, 이를 통해 장애물의 크기와 방향, 거리를 식별하고 소리를 통해 어느 쪽으로 가야 할지 알 수 있다.♪

돌고래는 흥미로운 것을 발견하면 호기심에 가까이 다가가는데, 이때 딸깍 소리의 빈도도 높아진다. 이때 다시 반사된 음향은 정확도가 높아져서 돌고래는 다른 돌고래나 물고기 같은 맞은편의 대상에 대해 더 상세하게 3D 스캔을 할 수 있게 된다. 실험에 따르면, 돌고래는 이 기술을 통해 사물을 인지할 수 있는데, 심지어 주사위인지 피라미드인지도 구분할 수 있다고 한다.

이러한 반향정위를 이용할 때 돌고래들은 서로 협력하며, 이를 통해 얻은 정보를 공유한다. 두 명의 프랑스 연구원 올리비에 아담과 파비앙 델포는 앞에서 설명한 음향카메라와 비슷하게 작동하는 마이크로폰-카메라 시스템을 이용해 이러한 사실을 밝혀냈다. 어느 실험에서는 6대의 카메라와 4대의 마이크가 돌고래 무리의 모든 행동을 기록하고, 복잡한 소프트웨어가 정보를 분류해 어떤 돌고래가 반향정위를 이용해 소리를 내는지 표시했다. 돌고래는 딸깍 소리를 낼 때 입을 벌리지 않기 때문에 어떤 돌고래가 소리를 내는지 눈으로는 확인할 수가 없다.

♪ 딸깍 소리와 휘파람 같은 소리는 돌고래가 방향을 찾는 데 유용하다.

사냥을 하면서··사운드를 공유하기

연구를 통해 아담과 델포는 돌고래의 소리 체계와 협력 방식에 대해 놀라운 사실을 발견할 수 있었다. 연구팀에게 다가온 어느 돌고래 무리의 경우, 제일 뒤쪽에 있는 돌고래만이 반향정위의 딸깍 소리를 냈다는 것이다. 제일 앞쪽에 있는 돌고래는 우선 시각적 정보를 수집하는 것으로 보였다. 가장 선두에 있는 돌고래는 '무언의' 정찰병으로, 음파를 내보내지 않으므로 상어나 범고래 같은 적의 눈에 띄지 않는다. 그러니까 돌고래는 업무를 분담하는 공동의 정찰 전략을 가지고 있는 것이다.

공기나 물과 같은 3차원 공간에서 움직이는 동물에게 음향은 매우 중요하다. 특히 사냥을 위해 전략을 세울 때는 더욱 그렇다. 우리는 돌고래뿐 아니라 고래도 하나의 공동체를 이루어 집단행동을 한다는 사실을 잘 알고 있다. 범고래의 전술은 사자 무리와 견줄 만하다. 각 개체에겐 저마다 특별한 책무가 있다. 한 마리가 앞장서서 사냥감을 쫓기도 하고 무리가 함께 움직이며 서로 소통하기도 한다.

우리 인간이 늘 경험하는 사실이지만, 정보는 전달하고 공유하면서 큰 이점으로 작용하는데, 이것은 동물의 세계에서도 마찬가지다. 이는 곧 많은 동물이 지금까지 우리가 생각한 것보다 훨씬 효율적으로 움직인다는 가정으로 이어진다. 동물 입장에서 보면 하나의 개체로 움직이는 것보다 무리를 이루어 움직이는 것이 훨씬 안전할 뿐 아니라 사냥하기에도 유리하며, 정보를 얻기에도 유용하다는 사실은 엄청난 깨달음이다.

이 사실은 우리에게 또 다른 생각거리를 준다. 동물은 개체 하나하나에만 집중하지 않는다. 그런 식의 분업이 가능하기 위해 동물은 '나'와 '너'에 대해 훨씬 더 잘 이해해야 하며, 각자의 인지 스펙트럼을 확장하고 환경에 더 잘 대처하기 위해 기술을 사용한다. 우리는 관찰에 필요한 장비를 마련해 준 최근 몇십 년간의 기술 발전 덕분에 이러한 사실을 알게 되었다. 그리고 이는 학문의 경계를 넘어 정보를 공유하는 것이 얼마나 중요한지 잘 보여 준다.

박쥐 탐지기 ·· 박쥐의 초음파에 귀 기울여 보기

내가 연구에 힘써 온 지난 20년 동안 이토록 빠르게 발전해 온 것에 감사한다. 그러지 않았다면 우리가 어떻게 해부학으로도, 동물의 행동 레퍼토리에서도 끌어낼 수 없었고 또 들을 수조차 없었던 소리의 비밀에 대해 알 수 있었겠는가. 어떤 소리가 어떤 의미를 담고 있는지 이해하기 위해서는 적어도 그 소리가 존재한다는 사실을 알고 있어야 하니까 말이다.

어둠 속에서 생활하는 박쥐의 소리♪는 인간의 귀에는 거의 들리지 않는다. 박쥐 역시 초음파의 영역에서 딸깍거리는 소리를 내기 때문이다. 어쩌다가 박쥐나 큰박쥐의 소리를 어느 정도 인지할 때도 있지만, 박쥐가 100킬로헤르츠 정도로 내는 소리를 우리는 들을 수가 없다. 박쥐는 어둠 속에서 소리로 방향을 찾는 것으로 유명한데, 그 속도가 너무 빨라 어떤 나무나 사물하고도 충돌하지 않는다. 반향정위는 매우 정확하게 작동한다. 이때 박쥐는 믿을 수 없을 만큼 빠른 속도로 움직이는데, 이들의 평균 비행 속도는 시속 50~60킬로미터 정도지만 때로는 최고 100킬로미터까지 측정되기도 했다.

우리 인간이 어떤 나무를 보고 3미터쯤 떨어져 있다고 추정할 때, 박쥐는 초음파 신호 덕분에 정확하게 그 거리가 3.15미터라는 사실을 알 수 있다. 이 정보는 놀라운 속도로 '계산'된다. 반향정위는 박쥐가 사냥하고 방향을 찾는 데 도움이 될 뿐만 아니라, 물이 있는 곳을 찾는 데도 유용하다. 매끄러운 수면은 초음파를 반사해 박쥐에게 거울과 같은 역할을 하는데, 자연 속에서 이러한 표면을 가진 것은 오직 물밖에 없다. 박쥐는 대부분 후두를 이용해

♪ 박쥐 탐지기는 사람 귀에는 들리지 않는 박쥐의 주파수를 변환시켜 준다. 이를 통해 우리는 신호와 반향 사이의 거리에 따라 박쥐 소리의 주기가 얼마나 짧아지는지를 들을 수 있다.

소리를 내는데, 어떤 종은 혀를 이용하기도 한다. 박쥐의 딸깍 소리는 매우 클 수도 있어서, 음량이 심지어 공기해머만큼 커지기도 한다. 그런데도 인간은 이 초음파 소리를 들을 수 없다. '박쥐 탐지기'는 정확하게 이런 주파수 범위를 이용한 것이다.

박쥐 탐지기는 아마추어 자연과학자들도 사용하는데, 가격이 아주 비싸지도 않고, 때로는 종마다 다른 주파수를 이용해 박쥐 종을 식별할 수도 있다. 그리고 박쥐가 내는 소리를 느리게 재생해 부분적으로나마 들을 수도 있다. 이런 식으로 우리는 어떤 박쥐가 날아가면서 무엇을 하는지 추적할 수 있다. 돌고래와 마찬가지로 박쥐도 먹잇감을 낚아채기 직전 소리의 주파수가 높아진다. 비행할 때 박쥐는 보통 1초에 약 10번 소리를 내는데, 벌레가 가까이 있을 때는 200번까지도 소리를 낸다.

진흙 구멍이 속의 송신기··생체음향의 활용

박쥐와 마찬가지로 대부분의 동물은 우리가 관찰하기 어려운 '비밀스러운' 삶을 살고 있다. 우리는 이제 고래가 이동하는 동안 소리로 계속 의사소통하고 있다는 사실은 알게 됐지만, 고래는 얼마나 멀리까지 소통할 수 있을까? 두 무리의 코끼리들은 이동할 때 어느 정도 떨어져서 움직일까? 그리고 서로의 거리를 조정하기 위해 어떻게 의사소통할까? 코끼리의 행동을 더 깊이 이해하기 위해서는, 이 질문에 대한 대답이 반드시 필요하다. 그래서 생체음향과 관련해서 동물이 어떻게 이동하고 무리의 움직임을 어떻게 조율하는지 모두 지켜볼 수 있도록 동물에게 송신기를 다는 일이 많아지고 있다.

동물의 움직임이나 이주 경로 혹은 서식지로 가는 길 따위를 추적하기 위해 GPS 송신기는 이미 많이 사용하고 있다. 데이터 로거라고 하는 특별한 기록저장장치를 이용해 동물의 맥박이나 체온 같은 생리학적 데이터 역시 기록하고 전송할 수 있으며, 움직임의 패턴을 감지하고, 주변의 온도를 측정하고 전달할 수 있는 활동 센서도 있다. 소형 마이크를 장치에 달아 소리의 패턴도 기록할 수 있다. 의사소통과 관련한 모든 데이터를 종합해 보면 동물의 생활에 대해 훨씬 더 많은 것을 배울 수 있다.

하지만 기술적인 여러 가능성에도 한계가 있다. 어떤 동물에게 센서를 많이 달수록 문제 역시 더 발생한다. 에너지 공급이 언제나 큰 제약 요인이다. 데이터를 수집하는 데는 에너지가 필요하고, 에너지가 필요할수록 배터리도 커져야 한다. 그러다 보면 결국 무게가 문제다. 센서 자체는 매우 가볍지만, 배터리와 하드웨어를 구성하고 있는 여러 요소(밴드의 소재나 본체 등)와 결합하면 몹시 무거워진다. 어떤 동물이 어느 정도의 무게를 지탱할 수 있는지는 동물종마다, 개체마다 모두 다르다.

현재는 송신기 개발에 대한 연구가 집중적으로 이루어지고 있으며, 배터리팩 없이도 장치에 지속적으로 에너지를 공급할 수 있도록 태양열 패널을 부착하는 작업도 진행하고 있다. 아쉽지만 코끼리에게는 이것도 큰 소용이 없는데, 코끼리가 진흙 목욕을 좋아하기 때문이다. 하지만 다른 동물에게는 큰 옵션이 된다.

이런 어려움이 있지만, 생체음향학에서도 송신기를 다는 것이 미래지향적인 접근법일 것이다. 내가 속한 연구 그룹에서는 누구보다 앤톤 바오틱이 기린과 치타, 코끼리의 송신기에 마이크를 달려고 애쓰고 있다. 앞으로 GPS 밴드는 점점 더 가벼워지고 메모리 용량은 점점 더 커질 것이다. 계속 발전하는 기술의 도움으로 여전히 비밀스러운 동물의 삶을 깊이 들여다볼 수 있게 될 것이다.

5

실험실로서의 동물원

'보호받는' 환경에서 얻은 통찰

첫 연구 논문은 항상 가장 어려운 법이다. 젊은 박사과정 학생으로서 나는 일단 학계에서 자리를 잡아야 했다. 다른 많은 것과 마찬가지로 논문을 출판하는 것 역시 배워야 한다. 나만의 방식으로 연구 성과를 잘 드러내 보여야 하는 것이다. 과학 저널의 심사위원이 매우 엄격할 수도 있기 때문에, 이를 배우는 과정은 부분적으로는 매우 실망스러울 수도 있다. 다행히 나는 첫 논문을 자연과학 분야에서 가장 유력한 〈네이처〉에 싣는 데 성공했다. 이것은 아주 특별한 재능을 가진 코끼리 칼리메로 덕분이기도 하다.

나를 깜짝 놀라게 한 칼리메로

칼리메로를 처음 알게 된 것은 2000년대 초 바젤 동물원에서였다. 그때 칼리메로는 스물다섯 살 정도였데, 그렇게 큰 수컷 코끼리를 마주한 건 그때가 처음이었다. 칼리메로는 아주 거대하고 넓은 두개골을 가지고 있어서, 첫눈에는 마치 머리만 있는 듯 보였다. 그전까지 쇤브룬 동물원에서 주로 보았던 암컷 코끼리들보다 훨씬 컸기 때문에 나는 칼리메로에게 한눈에 반했다. 수컷 코끼리는 암컷 코끼리만큼 소통하는 게 쉽지 않다고 알려져 있었으므로, 나는 바젤에서도 암컷 코끼리를 연구하려고 했다. 그런데 칼리메로의 소리를 듣자마자 혈기왕성한 호기심과 야망은 곧장 나를 칼리메로에게로 이끌었다. 사실 처음부터 칼리메로가 그렇게 마음에 든 것은 아니었다. 칼리메로는 코로 나뭇가지나 돌을 집어 동물원 관람객이나 나에게 던진 적이 있어서, 사육사들은 언제나 칼리메로 근처에 던질 만한 물건이 있는지 잘 살펴야 했다.

하지만 칼리메로는 살면서 사람들한테서 더 나쁜 일을 겪어야 했다. 20세기까지만 해도 하노버 근처에는 이국의 동물은 물론이고 심지어 사람까지 중앙 유럽으로 운반하던 동물무역회사가 있었는데, 칼리메로는 이 회사를 통해 로마의 동물원에서 겔젠키르헨 동물원으로 옮겨졌다. 당시 칼리메로는 두 살이었는데, 코끼리로는 아직 어린아이로 엄마 젖을 먹을 나이였다. 당시 남부 아프리카에서는 코끼리를 대량 살처분하는 일이 벌어지고 있었다. 일정한 지역에서 코끼리가 너무 많이 번식하는 것을 막기 위해 성체 동물을 쏘아 죽인 것이다. 물론 현재 이런 일들은 전문가들에게 매우 비판받고 있다. 당시에 어린 동물은 종종 산 채로 유럽이나 미국으로 팔려 가기도 했는데, 칼리메로도 그중의 하나였다.

바젤 동물원의 실내 우리에서 칼리메로를 지켜보던 나는 매우 특이한 것을 발견했다. 칼리메로가 연이어 어떤 짧은 소리를 내는 것이었다. 그전까지 아프리카코끼리한테서 들은 적이 없는 소리였다. 그때 나는 연구를 막 시작한 참이었고, 아프리카에 간 적도 실무 경험도 거의 없었다. 하지만 많은 책을 읽었고, 동물의 소리를 녹음한 오디오도 수없이 들었다. 칼리메로의 소리는 더 깊고 쉰 듯했지만 분명 아시아코끼리의 날카로운 고주파 소리♪와 매우 비슷했다.

나는 의아한 마음에 조사를 시작했고, 칼리메로가 로마에서 18년 동안 아시아코끼리들하고만 지냈다는 사실을 알아냈다. 하지만 그때까지도 나는 내가 알아낸 것이 무엇인지 정확하게 알지 못했다. 나는 저명한 코끼리 연구자인 조이스 풀에게 연락했다. "이 소리, 혹시 들어 본 적 있으세요?" 그녀에게 메시지를 보내면서, 나는 칼리메로가 아시아코끼리의 소리를 흉내 내는 것 같다는 의견도 전했다. 풀은 내가 뭔가 대단한 사실을 발견한 것 같다고 회신을 보내왔다. 마침 그녀는 이런 내용을 주제로 하는 글을 준비하고 있다며, 나에게 〈네이처〉에 함께 원고를 기고하지 않겠냐고 물었다. 물을 것도 없었다!

♪ 여기에서 우리는 먼저 아시아코끼리의 날카로운 소리를 들을 수 있다. 아프리카코끼리인 칼리메로는 어떻게 이와 비슷한 소리를 낼까?

인간과 가까운 곳··행동과학자의 실험실인 동물원

동물원은 행동 연구를 위한 일종의 실험실이다. 한눈에 볼 수 있도록 만든 환경에서는 어렵지 않게 동물들 가까이 다가갈 수 있다. 사바나나 열대우림에서처럼 동물을 뒤쫓지 않아도 된다. 2005년 코끼리가 소리를 흉내 낼 수 있다는 것을 알아냈을 때처럼, 동물원의 동물을 지켜보면서 새로운 발견을 할 때마다 깜짝 놀라곤 한다. 그것은 수의학 분야에서건 행동 연구 분야에서건 마찬가지다.

1980년대, 위대한 코끼리 연구자 가운데 한 사람인 케이티 페인은 코끼리가 초저주파음을 낸다는 사실을 발견했다. 그녀는 그 뒤 뉴욕의 코넬대학교에서 아프리카 둥근귀코끼리를 주로 연구하는 '코끼리 리스닝 프로젝트'를 만들었다. 사바나코끼리의 친척인 둥근귀코끼리는 몸집이 좀 작은 편이다. 페인은 동물원의 아시아코끼리 바로 옆에 서서 코끼리의 소리를 듣고 또 진동을 느꼈던 경험을 썼는데, 그것은 마치 교회에서 커다란 파이프오르간 옆에 서 있을 때 느꼈던 정도의 진동이었다고 했다. 이러한 경험으로 그녀는 초음파 범위의 주파수를 찾게 되었고, 이 영역의 소리를 발견하게 되었다. 이때 발견한 것이 바로 코끼리의 우르렁 소리이다. 이 획기적인 발견에는 동물에게 아주 가까이 다가갔던 것이 중요한 역할을 했다.

학문적 관점에서 볼 때 동물원과 자연보호지구, 동물보호소, 다치거나 버려진 동물을 돌보는 보호구역 같은 시스템은 매우 유용하다. 적어도 다른 소음이나 상황을 잘 통제할 수 있는데, '방해 요인'이 거의 없기 때문이다. 특히 내 연구에 아주 좋은 조건을 동물 보호구역, 그러니까 '생추어리'에서 찾을 수 있었다. 이곳에서 코끼리들은 우리가 아닌 원래의 서식 환경에서 생활한다. 이 보호구역 안에서 코끼리는 사육사와 함께 생활하면서도 동물원의 동물과는 달리 드넓은 지역을 자유롭게 돌아다니며 자연스럽고 편하게 행동할 수 있다. 그러면서 코끼리들은 인간의 존재에도 익숙해진다.

야생에서 하는 연구는 너무나 멋지고 흥미진진한 일이지만 그만큼 어렵고 지루하기도 한데, 우리가 통제할 수 없는 많은 요인이 있기 때문이다. 반면 보호구역은 동물에게는 자연과 비슷한 조건이면서도 인간이 적절하게 통제할 수 있다.

우리와 협력 관계에 있는 남아프리카 벨라벨라의 생추어리가 이를 잘 보여 준다. 우리는 이곳에서 코끼리가 인사할 때와 서로 소통할 때 소리가 어떻게 다른지 정확하게 알아보고자 했다. 연구를 위해 우리는 한 코끼리 무리를 두 개의 작은 그룹으로 나누어 먹이를 주면서 10분에서 15분 정도 떼어 놓았다. 동료 앤톤 바오틱이 한 그룹을, 내가 다른 한 그룹을 맡아 각자 코끼리와 함께 있었다. 얼마 지나지 않아, 코끼리들은 규칙적으로 낮고 깊게 소리를 내기 시작했다. 한 그룹이 소리를 내자, 잠시 뒤 다른 그룹이 대답을 했다. 코끼리들은 그렇게 서로 말을 나누고 있었다!

두 그룹의 비디오와 오디오 동시녹음을 통해 우리는 그것이 실제로 의사소통을 하는 소리였음을 확인할 수 있었다. 야생에서 똑같은 실험을 했다면 훨씬 더 어려웠을 것이다. 코끼리는 우리뿐 아니라 그들한테도 보이지 않는, 완전히 다른 종이 멀리서 내는 소리에 화답할 수도 있으니까 말이다. 아니면 암컷 코끼리가 바로 옆에 있는 어린 코끼리에게 반응을 보이는 것이라면? 코끼리가 정말 '대화'를 하기 위해 소리를 내는 것일까? 결국 동물원이나 보호구역에서 생활하는 동물과 야생에서 생활하는 동물에 대한 연구를 함께 하는 것은 매우 중요하다.

웅얼거리는 기린의 수수께끼

기린은 눈에 잘 띄지 않는 동물이다. 키가 커서가 아니라 그 성질과 의사소통 방식 때문이다. 이들에게는 시각적인 신호가 가장 중요하기 때문에, 기린에게서 가장 발달한 감각은 바로 시각이다. 상대의 귀가 뒤를 향하고 있는지 앞쪽을 향하고 있는지에 따라서도 기린에겐 특정한 의미가 있다. 기린은 1.4킬로미터나 떨어진 거리에서도 같은 종을 알아볼 수 있으며, 개체마다 독특한 얼룩무늬 패턴이 있는데, 무늬마다 그 차이가 아주 미세해서 인간은 거의 알아차리지 못할 정도이다.

코끼리가 그렇듯 기린도 초저주파 소리를 낸다는 얘기가 있었는데, 이런 속설은 기린이 내는 소리를 인간이 거의 들을 수 없기 때문에, 기린과 같은 사회적 포유동물이 소리를 통해 의사소통한다는 것을 거의 상상할 수가 없기 때문에 생긴 것이다. 나는 연구팀과 함께 기린이 내는 소리에 대해 더 자세히 알고자 했다. 기린의 '비밀스러운 언어'를 연구할 수 있는 장비를 마련하고, 2010년 석사과정을 밟고 있던 한 학생이 내 지시에 따라 많은 소리 자료를 수집해 주었다. 그 학생은 몇 달 동안 여러 기관을 다니며 운 좋게도 기린의 출산에 참여하기도 했는데, 수집한 자료는 조금 실망스러웠다. 코끼리한테서 들을 수 있었던 아주 조화로운 소리는 찾을 수 없었다.

나는 기린이 초저주파 소리를 낸다는 가설을 의심하기 시작했다. 몇 달 관찰하는 동안 그 학생은 20개의 소리를 녹음했는데, 이것은 기린이 소리를 내는 경우가 20번뿐이었다는 뜻이었다. 실망스러운 결과로 오히려 이런 생각을 하게 되었다. 기린이 소리로는 전혀 소통하지 않는 게 정말 가능할까? 기린은 정말 언제나 시각에만 의존하는 것일까? 밤에도?

앤톤 바오틱과 나는 한 가지 아이디어를 떠올렸다. 밤 동안 쇤브룬 동물원과 베를린 동물원 그리고 코펜하겐 동물원의 기린 우리에서 자동녹음기로 녹음을 해 보자는 것이었다. 자료를 확보하자 앤톤은 분광사진기를 검토했다. 분광기는 시간에 따라 주파수를 기록해 소리를 그림으로 나타내 준다. 어떤 신호를 구성하는 각각의 주파수를 선별하는 것이다. 1,000시간에 가까운 녹음 자료에서 그는 100개쯤 되는, 조화롭게 길게 이어지는 낮고 깊은 소리를 찾아냈다. 기린은 다른 동물종에 비해 그렇게 많은 소리를 내지도, 또 규칙적으로 내지도 않았다. 하지만 그것은 분명 기린의 소리였다. 동물원의 우리 세 개에는 다른 동물은 없었고, 소리는 매우 비슷했다. 우리 말고는 그전에 아무도 그런 소리를 들은 적이 없었던 걸까?

우리는 발표할 논문에서 기린이 밤에 내는 소리를 '허밍'♪이라고 표현했다. 그 소리는 기본적으로 50~100헤르

♪ 앙겔라 스티거와 그녀의 팀이 찾아낸 기린의 '허밍' 소리.

츠의 진동으로 인간에게 비교적 잘 들리는 편이었다. 이것은 초저주파 음역대에 속하지 않는다는 뜻이다. 하지만 그것이 우리가 이 소리에 대해 아는 전부였다. 안타깝게도 밤에 찍은 영상은 어떤 기린이 소리를 내고 있는지 알아볼 수 없었다. 심지어 기린은 입을 벌리는 것 같지도 않았다. 우리는 어떻게, 왜 기린이 그렇게 하는지도 설명할 수 없었다. 기린의 시야가 제한되어 있기 때문일까? 어두운 밤인 데다, 지형이 한눈에 보이지 않아서일까.

하지만 관찰을 하면서 기린에 대한 생각이 바뀌었다. 기린이 사바나의 엑스트라에서 주연으로 바뀐 것이다. 게다가 기린이 사회집단을 형성한다는 사실도 밝혀졌다. 그러니까 기린 역시 코끼리와 비슷한 '핵분열-융합 사회'를 이루어, 먹이를 찾아 각기 다른 곳으로 흩어졌다가 밤에 쉬기 위해 저녁 무렵에는 다시 모이는 것이다. 기린 유치원 또한 있는 듯했는데, 이것은 내가 직접 관찰한 것이었다. 종종 한두 마리의 암컷 기린과 어린 기린 몇 마리로 이루어진 작은 무리를 마주칠 수 있었는데, 이때 다른 암컷들은 조금 멀리 떨어져서 조용히 먹이를 먹고 있었다.

사바나에서 기린이 살아가기란 쉽지 않다. 기린은 자려면 누워서 머리 꼭대기가 바닥에 닿도록 긴 목을 몸통 위로 굽혀야 한다. 긴 목과 긴 다리를 풀고 큰 몸을 일으키려

기린은 이른바 '핵분열-융합 사회'를 이루고 산다.

면 시간이 걸리기 때문에, 누워 있을 때 기린은 매우 취약하다. 진화를 거치면서 이 문제는 나름대로 해결이 되었는데, 기린은 거의 잠을 자지 않는다. 하루에 20분 정도가 최대인 데다, 깊은 잠은 채 몇 분도 되지 않는다. 기린은 대부분 선 채로 꾸벅꾸벅 졸곤 한다.

야생동물이 어떻게 살아가는지, 어떻게 하루를 보내는

지, 또 얼마나 자주 먹이를 먹는지, 이 모든 것들은 행동생물학과 관련된 지식이며, 모든 종류의 동물 사육에, 특히 동물원에서 사육할 때 몹시 중요하다. 특히 시간생물학* 에서는 동물의 활동을 면밀히 관찰한다. 동물은 밤과 낮의 리듬에도 영향을 받는가? 그렇다면 달의 변화와도 관련이 있을까? 이것은 동물원 관람객이 낮에 야행성 동물을 '체험'할 수 있도록 동물이 동물원에 적응하는 데도 몹시 중요하다. 물론 이때도 동물은 매우 신중하게 다루어야 한다. 인간도 교대로 근무하는 경우에 볼 수 있듯, 불규칙한 수면은 건강에 해롭다. 다양한 종류의 스트레스는 동물원의 동물을 제대로 잘 수 없게 만든다.

자유롭게 생활하는 동종들과 달리 인간의 보호 아래 있는 동물들은 자유롭게 이동하거나 의사결정을 할 수 없으므로, 우리는 특별한 책임감을 가져야 한다. 어떤 무리에서 갑자기 스트레스에 따른 소리가 많아진다면 그것은 무리 내 사회구조의 균형이 깨졌거나 무리의 역학 관계에 변화가 생겼음을 의미할 수 있다. 어린 수컷이 힘이 세지면서 우두머리가 되려고 할 수도 있는데, 이때 나이 많은 수컷이 물러나지 않으려 하면 당연히 누군가 개입해야 한

* chronobiology: 시간과 생명현상의 관계를 연구하는 학문. 생체에서 인지되는 주기적 현상을 다룬다.

다. 우리가 아무리 노력해도, 동물원에서는 동물의 자연스러운 행동을 제한할 수밖에 없다.

밀웜으로 보상하기 ·· 사고스포츠로서의 행동 훈련

이를 보완하기 위해, 동물원은 과학적으로 많은 지원을 통해 동물들의 '풍부화'**를 위해 애쓰고 있다. 예를 들어 동물들은 그릇에 담긴 먹이를 먹지 않는다. 큰곰은 나뭇가지나 썩은 나무 그루터기에서 오이와 당근을 먹고, 사육사들은 곰 우리에 이웃 우리에서 지내는 영양의 배설물을 뿌려 놓기도 한다. '향기 강화' 프로그램의 하나인데, 후각적으로 그리고 정신적으로 자극을 주어 냄새를 맡고 문지르고 땅을 파도록 유도한다. 자극이 없는 지루한 일상은 행동 장애를 일으키는 최악의 상황 가운데 하나이다.

현대의 동물원에서는 이런 방해 요인을 점점 더 찾아볼 수가 없는데, 동물원의 운영이 더욱 체계화되었을 뿐 아니라 행동 연구로 얻게 된 다양한 지식 덕분에 동물을 관리하는 방법들이 최근 몇 년 사이 많이 바뀌었기 때문이다. 동물원에서 야생동물을 사육하는 것에 대해서는 회의적인 시각이 많지만, 과학과 동물 사육 사이에는 매우 유

** 행동풍부화Behavioral Enrichment: 동물원의 동물에게 동물원에서 체험할 수 없는 야생에서의 행동을 할 수 있도록 해 주는 것을 말한다.

익한 연관성이 있다. 한편으로는 직접적인 관찰을 통해 그리고 실험을 통해 과학은 동물원의 동물과 긴밀하게 접촉해야만 얻을 수 있는 중요한 지식을 얻게 되었다. 그리고 이러한 지식은 다시 동물을 더 잘 이해할 수 있게 하고, 동물원의 동물을 더 적합한 방법으로 사육할 수 있도록 도와준다.

동물의 인지능력을 돕는 훈련 또한 '풍부화'의 한 형태이며 매우 실용적이기도 하다. 이것은 집이나 동물보호소, 혹은 동물원이나 사육장에서 동물을 스트레스 없이 돌보고, 또 함께 지내기 위해 근본적으로 매우 중요하다. 예를 들어 코끼리는 가끔 발 관리를 해 주어야 한다. 코끼리는 발톱을 손질해 주어야 하는데, 우리에서는 야생에서 살던 때와 같은 속도로 발톱이 닳지 않기 때문이다. 수의사는 동물의 혈액을 채취하거나 백신을 접종하기도 하는데, 이 모든 것들은 정기적인 훈련을 해야만 할 수 있다.

이런 훈련은 새롭게 알게 된 지식으로 달라지고 있다. 우리는 긍정적인 강화, 즉 심리학에서 비롯된 원칙인 '정적 강화'*가 있을 때 훈련이 잘 이루어진다는 사실을 알게 되었다. 동물에게 이것은, 예를 들어 훈련 중에 어떤 행동

* Positive Reinforcement: 특정한 행동을 했을 때 긍정적인 자극을 주어 그 행동을 더 자주 할 수 있도록 하는 강화 전략 가운데 하나다.

을 했을 때 좋아하는 간식을 얻게 된다는 뜻이다.

동물원의 동물은 이 때문에 수의사의 진료를 더 자주 받는다. 때때로 수의사는 단지 동물을 쓰다듬거나 긍정적인 인상만 주고 가기도 한다. 늘 주사를 놓거나 하는 것은 아니다. 집에서 키우는 개들은 물론 매주 동물병원에 갈 수 없다. 그래서 내가 키우는 개 두 마리는 동물병원 대기실에 앉아 있을 때면 항상 심하게 떨곤 한다.

집에서 기르는 동물과 동물원의 동물에게 똑같이 효과적인 것은 클리커 트레이닝이다. 이때는 대부분이 딸깍, 하는 소리가 보상과 연결이 된다. 이런 훈련은 기린뿐 아니라 나중에 더 자세히 알아보겠지만, 닭을 포함한 거의 모든 동물에게 적용할 수 있다. 클리커는 보상을 알리는 신호로, 제2차 강화제 역할을 한다. 거의 모든 동물에게 행동의 제1차 강화제는 먹이다. 하지만 이때도 방법이 조금씩 달라지기도 한다. 종종 클리커는 딸깍, 하는 소리로 올바른 행동을 하는 정확한 타이밍을 지시하는 데에도 사용된다.

클리커는 때때로 '타깃스틱'이라고 하는 스틱 혹은 트레이너의 손 같은 '타깃'과도 연결된다. 동물은 몸의 일부, 일반적으로 코나 발을 이용해 타깃을 건드리는 법을 배우게 된다. 스틱을 동물한테서 멀리 던지면 동물은 스틱을 쫓아가는 방식이다.

내가 있는 빈대학교의 행동 및 인지 생물학과에서 우리는 다람쥐원숭이에게 우리 밖으로 손을 뻗는 법을 가르쳤다. 여기에 어떤 의미가 있는 걸까? 다람쥐원숭이들은 서로 물기도 하면서 많이 다투는데, 상처는 항상 살균 스프레이나 소독 용액으로 치료해야 한다. 가끔은 원숭이의 피를 채취해야 하는데, 이럴 때 동물을 그물로 잡는 것과 우리에 직접 들어가 한쪽에 웅크리고 앉아서 하는 것과는 큰 차이가 있다. 그래서 나는 스트레스를 줄이는 좋은 트레이닝을 지지한다. 코끼리뿐 아니라 다른 대형 포유류도 마찬가지다. 인내심만 충분하다면 실제로 어떤 동물이라도 훈련시킬 수 있다.

동물의 사고 및 인지에 대한 실험에서도 이런 훈련을 적용할 수 있다. 행동 및 인지 생물학과에서는 주로 새와 작은 포유류, 작은 원숭이를 다룬다. 일부 동물, 특히 원숭이는 '일하러' 오는 것을 좋아하는데, 어떤 작업에는 두 번씩 참여하기도 한다. 보상으로는 특별한 간식을 주는데, 그것은 밀웜이다. 밀웜을 얻기 위해 원숭이는 사각형에서 원을 구별해 내는 식으로 터치스크린 위의 도형을 인식해야 한다.

우리는 이것을 위해 다음과 같은 방법으로 테스트한다.

원숭이는 먼저 '원'을 학습한다. 그러니까 원숭이가 '원은 밀웜을 가져온다'는 식으로 두 개의 신호를 결합할 때까지 원숭이는 원이 나타나자마자 늘 밀웜을 얻게 된다. 그러고 나서 원숭이는 원과 사각형 같은 다른 도형이 함께 나타나는 것을 보게 되는데, 원숭이가 그 뒤에도 계속해서 원을 선택하면 말 그대로 '구별 능력'을 인정받는다. 이는 곧 원숭이들이 원과 사각형을 구별할 수 있다는 것을 증명하는 것이다.

때때로 훈련을 통해 새로운 것을 배우기도 하고 또 새로운 행동을 '포착'하기도 하는데, 그래서 우리는 언제나 어린 동물과 먼저 연습을 시작하곤 한다. 게임에서 한번 성공하면 세심한 트레이너는 즉각 클릭을 하고, 보상을 준다. 이 같은 패턴을 반복하면 동물은 점점 더 빨리 이해하게 된다. 아하, 그러니까 이걸 성공하면 보상을 주는 거구나! 그러다가 어느 시점에 이르면 움직임은 명령과 결합된다. 그렇게 동물이 어떤 행동을 해 보이고, 트레이너가 이를 포착하는 것이다.

이것은 소리를 낼 때도 적용된다. 예를 들어 어떤 동물이 우연히 원래의 레퍼토리에서는 들을 수 없는 평소와 다른 소리를 낼 때처럼 말이다. 세심한 트레이너는 이 행동을 곧 보상과 연결한다. 이 소리는 처음에는 어쩌면 너무 작을지도 모르지만, 시간이 지날수록 소리가 커질 때만 보상을 준다. 그렇게 하면 특정한 방향으로 소리를 내게 만들어 연구에 적용할 수 있다.

훈련의 내용이 조금씩 바뀌면 주의력도 늘어난다. 반면 트레이너가 매일 같은 과제를 주는 걸로 훈련이 단조로워지면 궁극적인 목적을 이루기 어려워진다. 매일매일 변화를 주고 인간의 보살핌을 받는 동물의 능력을 최대한 끌어내야 하는 것이다.

어느 동물의 전기··칼리메로의 인생 이야기

〈네이처〉에 발표한 논문에 큰 도움을 준 칼리메로는 현재 네덜란드 빅스베르겐 사파리 공원에서 지내고 있다. 그사이 칼리메로는 마흔 살이 되었고, 몇몇 암컷 코끼리와 함께 살고 있다. 아직 10~20년은 더 살 수 있다. 과학적인 관점에서 봤을 때, 칼리메로는 단연 이 종의 특별한 표본이며, 지식 발전에 기여한 연구 대상이라고 할 수 있다. 하지만 내 처지에서 칼리메로를 보면 좀 고민스러운데, 어떤 특별한 동물과 관련해서 학문적인 글을 쓸 때, 원칙적으로 나는 언제나 그 동물의 이름을 쓰고, '그' 혹은 '그녀'와 같은 대명사를 쓴다. 보통 그렇듯 '그것'이라고 쓰지 않고 말이다.

특이한 모방 능력을 가진 칼리메로는 이제 큰 수코끼리가 되어 네덜란드의 한 사파리 공원에서 살고 있다.

나에게 동물은 언제나 감성과 개성을 지닌 단독자이며 하나의 인격체이다. 그래서 나는 칼리메로의 운명에서 비극도 보인다. 아직 어린 코끼리였을 때 칼리메로는 낯선 무리 속에 섞여 있었고, 그가 발성을 흉내 내려 한 것에서 볼 수 있듯이 그 안에서 그들과 친해지려 노력했을 것이다. 하지만 칼리메로는 곧 아프리카코끼리가 있는 다른 동물원으로 옮겨졌다.

다행히 오늘날 많은 동물원에서는 동물의 사회적 유대를—적어도 코끼리나 다른 사회적 동물의 경우에는—고려하고 있다. 과거에는 어린 수컷 코끼리는 종종 잘 적응한 어미와 함께 다른 곳으로 옮겨지곤 했다. 수코끼리가 대여섯 살쯤 되면 무리 안에서 소란을 일으키기도 하고, 어미 무리와는 잘 어울리지 못하기 때문이다. 그런데 이때는 수컷 코끼리가 무리를 떠나기에는 아직 어리기 때문에 어미가 함께해야 하는데, 어미 코끼리는 종종 새로운 무리에 들어가는 데 어려움을 겪곤 했다.

현재는 주로 암컷을 중심으로 헤어졌던 가족을 재결합하려는 시도를 하고 있다. 예를 들어 나는 50년 정도 서커스에서 함께 지내다가 헤어진 두 마리의 암컷 코끼리를 알고 있는데, 이들은 다시 만나자마자 서로를 알아보았고, 서로 껴안고 소리를 내고 몸을 비비면서 감정을 드러내며 인사를 나누었다. 주름투성이의 두 다정한 할머니 코끼리는 이제 한마음 한뜻의, 떼려야 뗄 수 없는 사이가 되었다.

이런 일은 범고래에게도 나타난다. 현재 수족관에서 지내는 동물들 대부분은 어렸을 때 가족과 떨어져 잡혀 온 야생동물이거나, 아쿠아리움에서 태어나 다른 동물원으로 옮겨진 동물들이다. 씨월드에서 태어난 한 어린 고래는 네 살이 되어 어미와 헤어지자, 밤새도록 온몸을 떨며 큰 소리로 울어 댔다. 어렸을 때 나는 범고래를 너무나 좋아했지만, 가족들과 씨월드에 갔을 때 왠지 마음이 아팠던 그 어린 마음은 지금도 생생하다. 그때 나는 직감적으로 그 고래가 수족관과는 어울리지 않는다고 느꼈다.

동물의 정서적 반응에 대한 이러한 증거는 오늘날 이미 과학적으로 수도 없이 뒷받침되고 있지만 한 가지 더 고민해야 할 문제가 있다. 우리는 단지 동물의 건강만이 아니라—의인화해서 표현하자면—정신적인 안녕에도 주의를 기울여야 한다. 번식이나 유전학적 다양성과 관련해 고려해야 할 문제만큼이나 사회적인 유대 역시 관리를 위한 규정에 반드시 포함해야 한다. 이것은 우리 인간이 책임을 지고 돌보는 모든 동물에게 매우 중요한 일이다.

나로서는 내 연구를 통해 칼리메로를 직접 도와줄 수는 없었다. 하지만 자신만의 삶의 이야기가 있는 칼리메로의 동료들은 어쩌면 도와줄 수 있을 것이다. 그들을 연구하고 그들에 대한 이야기를 들려줌으로써 말이다. 동물원에서 이루어지는 모든 연구는 모든 종류의 동물 사육 시스템의 발전과 개선에 매우 중요하다. 동물원뿐 아니라, 특히 가축을 사육하는 데도 동물들이 필요한 것이 무엇인지 예민하게 들여다보는 것은 반드시 필요한 일이다.

6

동물은 서로 어떤 이야기를 나눌까

무리 지어 사는 동물이 더 많은 소리를 낼까?

작은 새끼 판다가 얼마나 크게 소리를 지르는지 그전에는 나는 짐작도 할 수 없었다. 모든 곰이 그렇듯 암곰이 거의 털이 없는 벌거벗은 작은 새끼를 낳았다. 키가 약 12센티미터인 새끼들은 한 손에 들어올 정도로 작고, 귀가 들리지 않고 눈도 보이지 않는다. 판다는 보통 쌍둥이를 낳는데, 새끼 판다들이 그렇게 크게 울어 대는 데는 그럴 만한 이유가 있다.♪ 바로 살아남기 위해서이다. 어미의 배에서 방금 빠져나와 바닥에 누워 있는 새끼 판다에겐 어미의 온기가 필요하므로 주의를 끌어야만 하는 것이다.

이 말은 쌍둥이 중 작게 울거나 울지 않는 새끼 판다는 방치되어 죽을 수도 있다는 뜻이기도 하다. 중국의 판다 사육장에서는 이런 새끼 판다들을 최대한 효과적으로 돌보려 애쓴다. 출생 직후 새끼 가운데 한 마리는 인큐베이터에 넣고, 다른 한 마리는 어미와 함께 '출산 상자'에 둔다. 일주일마다 아기 판다는 자리를 바꾼다. 우리는 며칠 혹은 몇 주밖에 안 된 인큐베이터 속 아기 판다들을 돌보며 관찰하고, 소리를 녹음했다.

아기 판다는 배가 고프면 마구 울어 댔는데, 인간의 아기가 울 때와 매우 비슷해서 몹시 인상적이었다. 이 소리

♪ 아기 판다가 크게 울어 대는 것은 모두 생존을 위해서다.

갓 태어난 아기 판다는 눈이 보이지 않고 털도 거의 없는 벌거벗은 상태이다.

의 주파수는 500헤르츠 정도인데, 새끼가 스트레스를 받을수록 소리는 더 커지고, 무엇보다 불안정해진다. 이것은 인간도 마찬가지다. 소리에 '혼란스러운 부분'이 많아질수록 음성은 더 날카롭고 불편하게 들리는데, 어미에게는 더욱 그렇다. 모든 어미가 그럴 테지만, 나 역시 마찬가지였다.

사육사가 따뜻한 쿠션으로 배를 마사지해 줄 때처럼 고요하고 안정된 상태에서 꼬마 판다는 갸르릉 소리를 낸다.♪♪ 사실 이것은 판다를 편안하게 하기 위해서가 아니라 배변을 자극하기 위해서인데, 보통은 어미 판다가 새끼를 핥아 준다. 몇 주가 지나 새끼 판다가 출산 상자에서 나오면 시끄럽게 울어 대는 시기는 이제 끝이 난다.

큰곰과 북극곰 혹은 판다의 새끼는 보통 어미와 꽤 오랫동안 함께 지내기 때문에, 동물원에서는 2년 정도 함께

♪♪ 아기 판다는 배를 마사지해 주면 마치 고양이처럼 부드럽게 갸르릉 소리를 낸다.

키우려고 노력한다. 중국 사육장에서 판다 새끼들은 6개월 만에 어미와 떨어지는데, 암컷 곰이 빨리 다시 짝짓기할 수 있도록 하기 위해서다. 이곳에서는 마치 돼지나 소 같은 가축을 키울 때처럼 출산 사이클을 엄격하게 지키고 있다. 마치 산업처럼 새끼 곰들은 거의 루틴에 따라 판다 유치원으로 보내지고, 좀 더 큰 곰들은 비싼 값에 다른 나라에 '임대'된다. 수요가 있기에 가능한 일이다. 전 세계의 동물원들이 야생에서는 약 2,000마리밖에 남아 있지 않은 이 검고 하얀 곰을 차지하려고 애쓰고 있다. 수백 년 전부터 판다는 주로 모피 때문에 사냥감이 되어 왔다. 게다가 이들의 서식지인 중국과 미얀마의 대나무 숲도 점점 더 줄어들고 있다.

진화론적으로 생각해 보면, 가끔 나는 대왕판다가 대체 어떻게 살아남았는지 궁금하다. 대왕판다는 몹시 둔하고 미련하다. 곰은 원래 무엇이나 다 먹을 수 있는 잡식성 동물이지만, 판다는 거의 한 가지 식물, 영양소가 그리 많지도 않은 대나무만 먹는다. 오랜 시간 동안 판다는 앉아서 대나무를 먹는다. 판다는 주로 해 질 녘이나 밤에만 활동하고, 낮 동안엔 나무 구멍이나 바위 동굴에서 잔다. 판다는 사회적인 동물과 달리 거의 혼자 지낸다. 몇 헥타르나 되는 넓은 서식지에서도 판다는 동족을 만나면 서로 방해하지 않고 비켜 간다. 이들은 모든 면에서 이렇게 아주 고요한 삶을 살아간다. 이것은 서식지에 적응하는 데 있어 아주 중요한 문제다.

하지만 한 가지 예외가 있는데, 봄이 오면서 짝짓기 철이 되면 성체 판다의 삶에서 유일하게 '시끄러운' 시간이 시작된다. 구애하는 동안 그리고 짝짓기를 하는 동안 판다는 엄청나게 소리를 낸다. 두 마리의 곰은 갑자기 몹시 말이 많아지고 서로 많은 것을 나눈다. 이들의 소리는 아주 다양하다. 판다는 고주파로 재잘대다가, 낮고 깊게 웅얼거리며, 길게 울부짖고, 크게 짖어 댄다. 안타깝게도 이 소리가 각각 무엇을 뜻하는지는 아직 정확하게 밝혀지지 않았다. 코알라도 연구하는 인지생물학자 벤저민 찰튼은 판다의 짝짓기를 청각적으로 분석했는데, 이 소리는 수컷과 암컷의 행동을 자극하는 것으로 보였다. 그리고 이 소리는 두 동물이 짝짓기에 관심이 있다는 것, 싸우려는 의도가 전혀 없다는 것을 보여 주고 있었다.

두려움, 위험 그리고 도움을 청하는 소리
··일반적인 대화의 주제들

말이 많은 동물종이든 말이 없는 종이든 특정한 상황에서는 거의 모든 생명체가 소리를 낸다. 모든 언어는 두렵거나, 위험에 직면하거나, 도움을 요청하는 세 가지의 기본적인 의사 표현을 소리로 전달한다. 동물도 마찬가지인데, 이는 어린 동물에게 특히 중요하다. 모든 동물종의 어미는 새끼를 돌보고, 그러기 위해 새끼와 의사소통한다. 예를 들어, 나일악어의 어미는 생후 몇 달 내내 둥지를 지키고 새끼들을 보호한다. 사실 새끼 나일악어는 알에 있을 때부터 소리를 내어 제 존재를 알리고, 태어난 직후 며칠 동안 생존 확률을 높인다. 부화 직전에 명확하게 들을 수 있는 '음푸음푸' 하는 소리♪는, 모든 새끼가 가능한 한 동시에 부화하기 위한 것이다. 어미는 새끼들을 보호하고, 때로는 아주 부드럽게 새끼를 입에 물고 물가로 데려간다.

새끼 판다의 소리에서 예로 든 것처럼, '도움을 청하는 소리'를 통해 스트레스를 인지하는 것은 인간들뿐 아니라 모든 종이 마찬가지다. 우리는 대왕판다 새끼의 소리와 코끼리 소리를 인간 실험 참가자들에게 들려주는 연구도 진행했는데, 그중에는 개구리와 앨리게이터, 까마귀, 집돼지, 바르바리마카크와 인간의 소리 샘플도 있었다. 이 샘플에는 각 동물과 인간이 스트레스를 받고 있는 상태와 그렇지 않은 상태의 소리가 모두 포함되어 있었는데, 그

♪ 새끼 악어가 '음푸음푸' 하는 소리.

결과 실험 참가자들은 소리만으로도 동물의 흥분 정도를 구분할 수 있었다.

소리를 이용한 의사소통은 당연히 동물의 생활 방식에 따라 크게 달라진다. 홀로 생활하는 동물은 무리를 지어 생활하는 동물과는 전혀 다르다. 열 마리쯤 되는 동족과 무리를 지어 생활하는 아프리카들개는 서로 꾸준히 소통한다. 사냥하기 전이나 사냥 중에도, 또 사냥 후에도 계속해서 소통한다. 이들이 사냥감을 혼돈에 빠뜨리기 위해 내는 소리는 몹시 독특하다. 이 소리는 보호구역에서 먹이를 줄 때도 들을 수 있다.♪♪ 누가 먹이를 먹고 있지? 얼마나 멀리 떨어져 있지? 누가 지금 먹고, 누가 나중에 먹지? 동물은 사회적으로 소통하며 끊임없이 협상한다. 약한 쪽의 동물은 웅크린 자세로 스스로 진정시키는 듯한 소리를 내거나, 상대 동물의 입술을 핥고, 또다시 으르렁거리며 위협하는 식이다.

고독한 판다 vs 무리를 이루는 얼룩말
‥어떤 생활 방식이 더 유리할까?

한쪽에는 혼자 생활하는 판다가, 다른 쪽에는 들개 무리

♪♪ 먹이를 줄 때조차 들개들은 사냥할 때 내는 특유의 소리를 낸다.

가 있다. 왜 어떤 동물은 무리를 지어 살고, 어떤 동물은 혼자 살까? 행동 연구의 관점에서 보면 이것은 하나를 얻기 위해서는 다른 하나를 희생해야 하는 전형적인 트레이드-오프, 장점과 단점을 서로 신중하게 비교 검토하는 과정에서 생기는 '목표의 충돌'이다. 인간들에겐 서로가 필요한 반면, 많은 포유류는 혼자이기를 '선택'하는데, 때로는 인간도 이를 감당해야 할 때가 있다. 하지만 기린이나 영양처럼 도망을 다녀야 하는 동물은 무리를 지을 때 훨씬 더 안전하다.

맹수는 무리의 규모에 따라 모두 다른데, 재규어나 호랑이는 다른 맹수에게 의존하지 않고 혼자서도 사냥을 잘한다. 무리에서 생활하면 육식동물은 더 큰 사냥감을 쓰러뜨릴 수 있겠지만, 그렇게 되면 무리의 다른 구성원들과 먹이를 나누어야 한다. 어떤 동물종은 모두 똑같지 않고, 수컷과 암컷이 서로 다른 사회구조를 형성하기도 한다.

예를 들어 수컷 흰코코아티는 혼자 생활하는 것으로 밝혀졌지만 암컷은 새끼를 돌보는, 최대 30마리의 어미 코아티와 함께 무리를 지어 생활한다. 무리 속에서 동물들은 먹이를 나누어 먹어야 하지만, 이를 기꺼이 받아들인다. 이들에게는 더 크고 강한 수컷들에 맞서 먹잇감을 지키기 위해서는 혼자인 것보다 함께인 것이 훨씬 낫기 때문이다. 물론 대부분은 먹이를 지키는 데 실패하지만 말이다. 또 다른 장점은, 실제로 암컷이 수컷보다 재규어에게 덜 잡아먹히는데, 무리 지어 있다 보니 적을 지켜볼 수 있는 구성원들이 더 많기 때문이다. 하지만 이 때문에 암컷들은 자주 기생충에 시달리게 된다. 많은 동물과 직접 접촉하다 보니 더 쉽게 전염되기 때문이다. 암컷 코아티는 또한 수컷보다 훨씬 말이 많은데, 이 역시 생활 방식 때문이다. 새끼들과 함께하는 무리 속에서 모든 구성원이 결속하기 위해서는, 당연히 서로 조정하고 '이야기 나눠야' 할 것이 많은 것이다.

불안하고 두려울 때 동물은 어떻게 의사소통할까?

동물종이 진화하는 과정에서 어떤 특정한 방향으로 발전한다고 하면, 그것은 그들의 생활 방식이 그러한 생활 조건에 가장 적합한 것으로 입증되었다는 뜻이다. 의사소통 체계도 이런 조건에 맞추어 발달한다. 코끼리처럼 사회적인 동물은 의사소통을 유지하는 것이 매우 중요한데, 이는 우르렁 소리가 개체마다 모두 달라서 지금 어떤 동물이 '말하고 있는지' 그 차이를 구분할 수 있기에 가능한 일이다.

코끼리는 저마다 특징적인 목소리를 가지고 있지만, 스

트레스를 표현하는 소리는 그렇지 않다. 이른바 포효, 그러니까 정말로 크게 울부짖는 소리는 각 목소리의 개성을 억누르는 듯 보인다. 곤경에 처하면 코끼리는 종종 스트레스 소리를 자신만의 우르렁 소리와 함께 내는데, '긴급 상황이야'라는 정보가 이 포효를 통해 전달된다. 이때 스트레스의 정도도 소리에 영향을 미친다. 이어지는 우르렁 소리는 누구에게 도움이 필요한지를 가리킨다. 적어도 현재의 학설은 그렇다. 포효-우르렁 소리는 '도와줘, 나'를, 우르렁-포효-우르렁 소리는 '나, 도와줘, 나'를 의미할 수도 있다.

소리를 결합하는 데 특히 능숙한 동물은 인간과 가장 가까운 친척인 유인원들, 그중에서도 침팬지이다. 침팬지는 숲에서 누가, 어디에, 누구와 있는지 서로에게 알리기 위해 '팬트-후트pant-hoot'*♪ 소리를 이용한다. 침팬지들 사이에서 팬트-후트 소리는 가장 흔한 소리이며, 가장 연구를 많이 한 소리로, 개체마다 모두 소리가 다르다. 이 소리는 멀리 떨어진 무리의 구성원들과 연락하는 데 사용된다.

이 소리는 네 가지 단계로 나뉘는데, 처음에는 차분한

* 침팬지들이 자신의 존재를 알릴 때 내는 소리.

♪ 침팬지는 멀리 떨어져 있는 무리와 연락할 때 '팬트-후트' 소리를 이용한다.

저주파의 '후' 하는 소리로 시작해 빌드업 단계에서는 점점 더 빠른 '훗' 하는 소리로 고조된다. 그러고 나서 고주파의 고함으로 커지다가 점차 사라지며 끝이 난다. 이 소리는 울창한 밀림 속에서도 최대 1킬로미터까지 퍼질 수 있다. 침팬지는 더 좋은 먹이가 있는 곳을 차지할 때도 이 소리를 낸다. 서로 인사를 나눌 때 각 개체는 더 낮은 소리를 반복적으로 내는데, 헐떡거리고 끙끙거리는 소리는 여러 제스처하고도 결합된다. 제스처는 상황에 따라 중요한 구실을 하는데, 인간들이 어떤 상황에서 제스처를 하는 것과 다르지 않다. 예를 들어 각 개체가 서로 마주 보고 얘기를 나눌 때처럼 말이다.

긴꼬리원숭이 속屬의 큰흰코원숭이는 특별한 능력이 있는데, 이들은 세찬 경고의 소리에 새로운 내용을 결합한다. 곳곳에 천적들이 도사리고 있기 때문에 긴꼬리원숭이의 삶은 몹시 위험하다. 지상에는 표범과 뱀이 있고, 공중에는 독수리가 있다. 가능한 한 눈에 띄지 않는 것이 좋지만, 긴꼬리원숭이는 최대 100마리까지 이르는 큰 무리를 지어서 생활한다. 그래서 수컷들은 보초를 서고, 또 절박한 소리를 내어 무리에게 경고하는데, 이 소리는 공격 방향에 따라 달라진다. 덤불 속에서 살쾡이가 다가오면 수컷들은 높고 긴 울음소리를 내고, 맹금류가 눈에 띄면 낮

서아프리카와 중앙아프리카에 서식하는 큰흰코원숭이는 다양한 소리를 내고 또 이 소리를 조합해서 적을 구별한다.

고 짧은 소리를 내는 식이다.♪

그런데 스코틀랜드 세인트앤드루스대학교의 케이트 아놀드와 클라우스 주버뷜러가 밝혀낸 것처럼, 큰흰코원숭이에겐 아무도 몰랐던 세 번째 소리가 있다. 표범과 독수리에 대한 경고의 소리를 결합한 소리는 천적이 나타났음을 알릴 때뿐 아니라 다른 상황에서도 들을 수 있는데, 이 소리는 적이 나타나서가 아니라 대규모로 이동할 때 출

♪ 긴꼬리원숭이의 의사소통 시스템은 아주 정교하다. 처음에 들리는 소리는 표범에 대해 경고하는 것이고 이어서 나오는 것이 독수리를 알리는 소리다. 이어서 들리는 두 소리의 조합은, 적이 나타나진 않았지만 대규모의 이동을 지시하는 신호이다.

발을 알리는 신호로 쓰인다. 아놀드와 주버뷜러에 따르면 큰흰코원숭이는 잘 알려진 두 소리를 창의적으로 결합하여 새로운 차원의 소리를 만들어 낸 것이다. 이 새로운 소리는 특정 천적을 경고하는, 원래의 의미하고는 거리가 있다. 그렇다면 긴꼬리원숭이는 언어에서 한 걸음 더 나아간 것일까?

끙끙거리고 짖고 낑낑거리며,
'복잡한' 사운드 시스템이 탄생한다

동물이 소리를 통해 소통할 때 어떤 정보를 교환할까? 이것은 때때로 우리가 동물에게 가장 물어보고 싶은 질문일 것이다. 안타깝게도 동물의 대답을 들을 수는 없으므로, 우리 연구원들은 '재생 실험Playback-Experiment'을 통해 이를 해석하고 있다. 이런 실험으로 우리는 남아프리카 아도 코끼리 국립공원에 있는 코끼리들을 대상으로, 암컷 코끼리 소리에서 수컷 코끼리가 어떤 사회적 정보를 읽어 내는지 알아보고자 했다.

먼저 암컷끼리 소통하는 소리를 녹음했다. 수코끼리들은 항상 주위의 암코끼리들에게 귀를 기울이고 있다. 자신들에게 하는 소리가 아닌 소리를 엿듣는 이러한 '도청'은 청각적 의사소통에서 아주 중요한 부분이다. 약 30번의 실험으로 우리는 이러한 사실을 밝혀냈다. 낯선 암컷 소리에 대한 수컷의 관심은 이미 알고 있던 암컷 코끼리에 대한 관심보다 훨씬 컸다. 수컷은 어떤 소리를 듣고 그것이 자신이 아는(자신과 같은 무리에 속하는) 암컷의 소리인지 모르는 암컷의 소리인지 정확하게 인지하며, 낯선 암컷의 소리에 훨씬 더 큰 관심을 보였다. 번식의 측면에서 보면, 동종 교배를 피하는 것이 무엇보다 중요하므로, 이는 지극히 당연하다. 하지만 암코끼리는 정반대인데, 낯선 암컷의 소리를 들은 암컷들은 오히려 새끼를 데리고 뒤로 물러났다.

동물의 '대화 주제'는 사회적 상호작용과 이성 사이의 교제, 욕구의 표현, 먹잇감이나 천적이 있는 곳에 대한 정보를 공유하는 것까지 매우 다양하다. 인간과 전혀 다르지 않게 말이다. 하지만 우리는 지금까지도 동물의 언어를 '이해할' 수는 없다. 닥터 돌리틀*에 대한 희망은 버려야 한다. 동물의 소리를 구체적인 언어로 번역하는 것은 사실상 불가능해 보인다. 이 신호는 전체적으로 이해해야 하며, 어떤 맥락에서 해석해야 한다. 의사소통은 '다중 모드'이다. 소리나 제스처로만 생기는 것이 아니라, 다양한

* 휴 로프팅이 쓴 동화의 주인공으로 동물이 하는 말을 알아듣는다.

표현의 결합으로 이루어지는 것이다.

행동생물학에서는 동물의 발성 행태에 대해 기본적인 가설이 있는데, 어떤 동물의 행동이 사회적일수록 의사소통 행위가 더 복잡하다는 것이다. 이 설명은 사실 그렇게 단순하지 않다. 나는 이 정의부터 이미 의구심이 든다. '복잡하다'는 것을 어떻게 이해해야 할까? 여기서 말하는 복잡성은 소리의 다양성, 변이 가능성, 동물종의 모방 능력과 관련 있는 것일까?

2018년, 석사과정 학생 하나가 남아프리카의 한 보호구역에서 긴 시간 들개 무리를 관찰한 적이 있다. 들개는 매우 다양한 소리를 낸다. 그중 일부는 14,000~60,000헤르츠에 달하는데, 이는 거의 초음파 음역대로 인간은 인지하기 어렵다. 입을 거의 움직이지 않는 것으로 보아 이 소리는 코를 통해 생기는 듯했다. 들개는 종종 무리 전체가 징징거리고 컹컹 짖고, 길게 울부짖고, 깨갱거리고 낑낑거렸고, 소리는 아무렇게나 뒤섞였다.♪ 들개에겐 늑대의 하울링처럼 무리의 울음소리가 있다. 한 마리가 울부짖기 시작하면, 다른 들개가 각기 다른 소리로 저마다 합창에 참여한다. 이 다양한 소리 행태를 정리하고 분류하

♪ 들개 무리가 합창하면 각 개체의 목소리를 분간하기 어렵다.

려는 시도는 거의 정신을 잃게 만들 정도이다. 하지만 이것은 어쩌면 결정적인 단서일지도 모른다. 이런 합창은 전체로서 다루어지는데, 들개 역시 이를 집단적인 의사 표현으로 인식할지도 모른다.

하지만 다른 한편, 들개는(적어도 현재까지의 연구 결과로는) 소리를 모방하지는 못한다. 이는 침팬지 역시 마찬가지다. 침팬지는 다양한 소리 레퍼토리를 가지고 있고, 특정한 적이나 먹잇감을 알리기 위해 특별한 소리를 내기도 하지만, 청각적인 모방은 하지 못한다. 하지만 코끼리는 할 수 있다. 그렇다면 어느 쪽이 '더 복잡한' 사운드 시스템일까?

인간의 관점에서 볼 때 '말하는' 동물은 특히 능력이 뛰어나 보인다. 물론 이는 인간의 언어가 확실히 복잡한 구조를 가지고 있다는 사실과 관련이 있으며, 부리나 긴 코가 있는 동물이 우리의 청각 모델을 모방하는 것은 인지 능력이 아주 뛰어나다는 뜻이다. 따라서 인간의 언어를 흉내 내는 것은 여전히 가장 높은 수준의 모방으로 여긴다. 하지만 흉내 내기에 능숙한 앵무새와 코끼리, 바다표범은 인간과 긴밀하게 연결되어 있을 때, 그러니까 친밀한 관계를 형성할 때만 인간을 모방한다.

한국의 말하는 코끼리

동물의 언어 모방에서 유대감이 얼마나 중요한지, 나는 코식이를 통해 깨달았다. 코식이는 아시아의 디즈니랜드와 비슷한 한국의 어느 테마파크에 있는 아시아코끼리이다. 코식이를 돌보는 사육사들은 2010년, 자신들이 돌보는 코끼리가 몇 가지 단어를 흉내 낸다고 우리에게 연락을 해 왔다. 나는 곧장 이 '말하는 코끼리'를 직접 만나기 위해 한국어를 할 줄 아는 독일인 동료와 함께 한국의 에버랜드로 갔다. 한국어 단어를 제대로 발음하는 사람이 없으면 코식이의 모방을 판단하기 어렵기 때문이다.

한 가지 사실은 금세 분명해졌다. 코식이가 나보다는 훨씬 더 한국어를 잘한다는 것이었다. 코식이는 긴 코를 입속으로 집어넣어 구강에 일종의 공명실을 만들어, 인간이 소리를 내는 방식으로 소리를 조절할 수 있었다. 우리는 코식이가 '안녕' 등 다섯 개의 단어를 상대적으로 잘 구사할 수 있다는 사실을 확인했다. 이것은 놀라운 발견이었다. 코식이는 단어를 제대로 모방하는 살아 있는 유일한 포유동물이었다.

한국에서 코식이는 하루에도 몇 번씩 관람객을 '맞이하고' 사육사와 함께 자신의 언어 프로그램을 선보이는 스타였다. 하지만 코끼리를 사육하는 조건이 유럽 기준에는

앙겔라 스퇴거와 동료 연구원인 다니엘 미첸이 한국의 말하는 코끼리 코식이와 촬영하고 있다.

맞지 않아, 나는 양가감정이 들었다. 코식이는 수년 동안 혼자 지내다가 그때는 암컷 한 마리와 함께 살고 있었다. 하지만 동시에 사람들과 강한 유대감을 형성하고 있었는데, 한편으로는 사육사에게 다른 한편으로는 자신에게 반해서 너무나 좋아하는 관람객들에게도 마찬가지였다. 코식이는 말을 해 보이면서 자신과 애착 관계를 형성하고 있는 사육사의 관심, 특히 보상을 즐기는 것 같았다.

2주 동안 머물면서 우리는 코식이의 발성을 수도 없이 녹음했다. 우리는 코식이가 말하는 단어를 한국 사람들에게서 다시 들었다. 한국인들은 코식이가 특히 모음을 아주 잘 흉내 낸다고 확인해 주었다. 하지만 한 가지 더욱 분명한 것은, 코식이가 단어를 말하면서도 의미를 파악하지는 못하고, 그저 단어만 '따라 말하는' 듯하다는 것이었다. 사육사에게서 배운 '앉아!'라는 명령어를 말하면서 코식이는 상대방이 실제로 앉을 거라 기대하지는 않는 것이다. 그럼에도 우리의 연구는 관련 학계에서 큰 반향을 일으켰다.

코식이 같은 사례는 과학적으로도 매우 흥미로운 아주 특수한 경우인데, 그것은 우리에게 어떤 것들이 가능한지 보여 주고 있기 때문이다. 동물이 자연환경에서 언제, 어디에서, 누구를 모방하는가, 하는 것은 매우 어렵지만 또한 흥미로운 문제이다. 동물은 어떤 경우에 이런 '발성 학습'을 하는 것일까? 명금류는 암컷에게 깊은 인상을 주기 위해 자신이 부르는 노래의 레퍼토리를 확장한다. 혹등고래와 대왕고래 역시 정확하게 같은 목적으로 고래의 노래를 배운다. 그러고 보면 성적인 선택은 공통분모인 듯하다. 암컷은 아름다운 노래를 부르는 수컷에게 끌린다. 하지만 소리를 잘 모방하는 모든 동물이 그렇지는 않다. 이것은 그러니까, 이러한 능력에 이유가 하나인 것만은 아닌 듯하다. 발성 학습은 여러 영역에서, 심지어 종의 경계를 넘어서도 장점이 될 수 있다.

두갈래꼬리바람까마귀는 한눈에 잘 보이지 않는다. 하지만 뛰어난 모방 기술로 칼라하리사막에서 미어캣 같은 동물을 끊임없이 골탕 먹인다.

참새목인 아프리카의 두갈래꼬리바람까마귀는 이들의 속임수에 희생되는 동물—예를 들어 미어캣이나 다른 새들—이 보통 서로에게 맹금류나 자칼, 하이에나 들에 대해 경고할 때 내는 소리를 똑같이 흉내 낸다.♪ 이 새는 최대 51종의 동물이 내는 경고 소리를 흉내 낼 수 있다. 경고의 소리를 들은 미어캣이 쥐고 있던 모든 것을 내려놓고 도망가면, 그사이 이 새는 슬쩍 먹이를 훔친다. 하지만 이 속임수는 이 새가 정확한 타이밍에, 그러니까 실제로 위협이 있을 수 있는 타이밍에 소리를 냈을 때만 통한다. 그렇지 않으면 미어캣은 자신이 속고 있다는 것을 금세 알아챈다. 아무리 교묘한 속임수라도 언젠가는 들통이 나기 마련이다. 두갈래꼬리바람까마귀는 자신의 거짓 경고음이 더 이상 진짜로 받아들여지지

♪ 이 비디오는 두갈래꼬리바람까마귀가 목소리로 미어캣 무리를 얼마나 교묘하게 속이는지를 잘 보여 준다.

않는다는 것을 알아차리면 곧장 레퍼토리를 바꾼다. 동물을 헷갈리게 만드는 거짓 경고음을 다양하게 바꾸면서 더 많은 성공을 거두는 것이다.

돌고래와 코끼리, 늑대의 소셜 네트워크

사회적인 유대감도 동물의 모방 능력에 영향을 미칠 수 있다. 이에 대한 예로 앞에서 이야기한 바젤 동물원의 수코끼리 칼리메로를 들 수 있다. 칼리메로는 아시아코끼리의 날카로운 소리를 흉내 내려 애썼다. 분명히 더 낮은 소리이긴 하지만 칼리메로는 그전에 함께 지냈던 동료의 소리를 흉내 내고 있음이 분명했다. 발성 학습의 원리는 진화론적인 피드백 루프feedback loop*를 떠올리게도 한다. 사회적 동물인 내가 나와 다른 말을 쓰는 그룹에 들어가면 나는 그 그룹에 속하고 싶고, 더 가까이 다가가려고 애쓰면서 그 그룹의 다른 구성원들을 모방하게 된다. 이것이 잘될 경우 이런 행동은 더욱 강화되고, 사회적 유대

* 생명체는 환경 변화에 적응하는 과정에서 자신들의 환경에 영향을 미치기도 한다. 이런 피드백 루프는 생태계의 안정성에 영향을 미치며, 시간에 따라 적응 과정에 변화를 가져올 수 있다. 생명체는 피드백 루프를 통해 안정적인 생태계를 유지하거나 새로운 적응 전략을 개발하게 된다.

역시 강해진다.

인간과 비슷한 공동체를 이루고 사는 동물은 정말 발성 학습을 더 잘하는 것일까? 내게는 사회성이 높은 동물일수록 의사소통 시스템이 복잡하다는 가설보다 이런 질문이 훨씬 더 흥미롭다. 앵무새 경우, 서로를 통해 학습하는 개체들 사이의 유대감이 중요한 역할을 하는데, 이것은 돌고래나 인간도 마찬가지다. 우리는 모두 잠시 헤어졌다가 다시 만나는 매우 유연한 핵분열-융합 사회에서 살고 있다. 코끼리에게는 관계가 긴밀한 가족 집단이 있고, 두세 개의 친한 가족 집단이 정기적으로 만나 더 큰 집단을 이룬다. 이들은 유대감으로 연결되어 있으며, 더 큰 네트워크를 이루어—암컷 코끼리들은 약 100마리의 개체로 이루어진 '지인 클럽'을 형성한다—때때로 함께 밤을 보내기도 한다. 이런 동물은 아마도 다른 개체들과 더 잘 어울리고 서로를 잘 받아들일 것이다. 일부 발성 학습에서 이것은 하나의 공통분모가 될 수 있을 것이다.

들개나 늑대가 이 이론을 증명해 보일 수 있을 것 같다. 이들은 발성 학습에 덜 능숙하지만 핵분열-융합 사회가 아니라 견고한 무리 속에서 살아간다. 이들은 다른 무리에 적대적이며 '외부'와 협력할 필요가 없다.

어린 동물 연구··어린 양조차 제 목소리를

어미 소리에 맞춘다

새로운 연구 결과 덕분에, 인간만의 특성이라고 잘못 여겨졌던 많은 가정을 재고할 필요가 있다는 사실이 분명해졌다. 처음 생각했던 것보다 상황은 훨씬 더 복잡하다.

동물의 언어를 연구하는 데에는 몇 가지 원칙이 있지만, 그렇다고 이것을 반드시 지켜야 하는 것은 아니다. 연구와 개발이 함께 이루어져야 새로운 지식을 끌어낼 수 있다. 심지어 생물학에서도 동물과 동물의 능력에 대해 끊임없이 새로운 사실을 배우며, 한때 했던 가정들을 그때그때의 지식 상태에 맞게 끊임없이 조정해야 한다.

그러니까, 어떤 동물은 발성 학습을 할 능력이 있다거나 또 이런 특성은 전혀 없다는 식의 이론을 오랫동안 주장해 왔는데, 그 기준은 인간의 단어처럼 종의 일반적인 특성이 아니라 소리를 흉내 내는 능력이었다. 이 기준에 따라 일반적으로 '발성 학습자'로 인정되는 동물의 리스트가 만들어졌다. 이 리스트에는 앵무새와 명금류, 물개 같은 기각류, 고래와 돌고래 그리고 코끼리가 속해 있다. 이 동물들은 모두 인간처럼 자신의 종이 내는 소리와 다른 소리를 흉내 낼 수 있다.

한편, 다른 동물종은 오랫동안 이런 형태의 학습을 제

대로 '마스터'하지 못한 듯 보인다. 하지만 그사이에 우리는 이 동물들이 발성 학습 능력이 뛰어난 그룹과 똑같은 정도로 발성을 배우지 못했음을 알게 되었다. 그렇지만 이들은 자신의 종 특유의 소리를 완전히 바꿀 수 있으며 외부 환경에 적응할 수도 있다. 양들의 경우, 어린 양은 어미의 소리와 비슷하게 소리를 내는데, 그것은 아마도 어미가 더 잘 알아볼 수 있도록 하기 위해서일 것이다. 어린 양은 처음에 어미의 소리를 듣고 자신의 소리를 거기에 맞추는 법부터 배우는 것임에 틀림없다.

여러 연구와 고찰을 통해 나는 점점 더 깨닫게 되었다. 다른 많은 생물학적 특성과 마찬가지로 발성을 학습하는 능력을 하나의 연속체로 이해해야 한다는 사실을 말이다. 발성을 매우 잘하는 동물도 있지만, 그렇지 못한 동물도 있으며 그사이 수많은 다른 단계에 있는 동물도 있다. 실험에 매우 적합한 쥐들 덕분에 나는 이런 이분법적 사고를 허물 수 있었다. 연구에 따르면 쥐들은 발성 학습에 필요한 신경생물학적 조건을 갖추고 있다고 한다. 실제로 수컷 쥐는 환경의 영향을 받으며, 심지어 다른 수컷이 초음파로 부르는 노래에서 음률을 학습하고 그 사랑의 노래를 똑같이 부를 수도 있다. 비록 명금류처럼 뛰어나진 않더라도 말이다.

이 때문에 오해가 있어서는 안 될 것이다. 발성 학습도 '언어'를 형성하는 수많은 인지적 기반 가운데 하나일 뿐이므로, 다양한 각도에서 '동물의 언어'를 살펴보는 것이 중요하다. 유전적 소인이 있는가, 해부학적 혹은 생리학적 전제 조건이 있는가 등등. 아니면 판다로 돌아가서, 어떤 소리 행태가 원래의 생활환경에 대한 적응으로 의미가 있으며, 이러한 서식지는 지난 수십 년간 어떻게 변화해 왔는가… 우리는 이것들을 전체적으로, 통합적으로 살펴야 한다.

생물음향학을 연구하는 것은 인간이 어떻게 그리고 왜 고유한 언어를 발전해 왔는가, 하는 질문에 대한 답을 찾고자 하는 일이다. 이 질문에 답하기 위해 우리는 언어 발달에 중요한 구성 요소들을 하나하나 살펴보아야 한다. 소리를 모방하는 방식 같은 필수 구성 요소 중에서 어떤 것들이 동물과 비슷한지 연구할 수도 있을 것이다. 동물의 언어와 관련해서 우리는 여러 차원에서 차별화된 능력과 조건을 체계적으로 세세하게 나누어야 한다. 우리는 의사소통에서 '복잡성'이 실제로 무엇을 의미하는지 이제야 막 이해하기 시작했다.

7

동물과 소통하기

우리가 동물에게
말하는 것 그리고
동물이 우리에게
전하려는 것

내 닭 헨리에타와 나, 우리는 서로를 쳐다보았다. 우리 둘 다 훈련 목표를 달성할 수 있을지 어떨지 의구심이 들었다. 헨리에타는 15분 안에 4가지 행동 양식을 배워야 했다. 헨리에타와 나는 '치킨 캠프', 정확히 말하자면 동물 훈련 집중과정인 '치킨 캠프 익스트림'의 참가자였다. 치킨 캠프는 미국에서는 이미 오랫동안 알려진 프로그램으로, 오스트리아를 포함한 유럽에서도 점점 캠프가 많아지고 있다. 이 프로그램의 의도는 반려견과 함께 훈련할 때 종종 느낄 수 있는 감정을 인식하는 것이다.

반려견과 함께 생활하는 사람이라면 뭔가 소통이 잘 안 되어 반려견에게 짜증이 난 경험이 한번쯤 있을 것이다. 반려견에게 이미 여러 번 '설명'했음에도 말이다. 하지만 감정은 동물을 훈련할 때는 오히려 역효과를 낼 뿐이다. 하지만 치킨 캠프 같은 프로그램에서 처음 만난 닭에게는 이런 감정을 느끼지 않는다. 닭에 대한 어떠한 기대도 없기 때문이다. 아니 반대로, 닭이 실수를 용납하지 않기 때문이다. 닭의 피드백을 통해 우리는 짧은 시간 안에 동물과 훈련하면서 친해질 수 있는 방법을 배울 수 있다. 그러니까 최고의 전제 조건은, 자신의 '의사소통 오류'를 인식하는 것이다.

동물원의 동물과 마찬가지로 닭 역시 클리커 트레이닝

을 통해 훈련을 시킨다. 첫 번째 과제는 파란색이나 녹색이 아니라 빨간색 원을 쪼는 것이었다. '기대했던 대로' 닭이 행동할 때마다 보상이 주어졌다. 붉은 점 쪽으로 아주 조금만 고개를 돌려도 닭에게는 먹이가 주어졌다. 그다음엔 몸을 좀 더 돌리고 그다음엔 조금 더 움직이면 되는 것이었다. 실제로 헨리에타는 금세 붉은 원을 쪼았다. 하지만 안타깝게도, 어쩌다 우리가 얼른 알아채지 못하거나 한눈을 팔다가 제때 확인하지 못하면, 닭은 금세 무엇을 해야 하는지 알지 못하게 되고 혼란스러워한다. 이것은 경험이 없는 동물 트레이너 역시 마찬가지다.

나는 특히 한 가지 훈련이 기억에 남는다. 동물을 훈련하려는 사람들은 누구나 이런 '놀이'를 적어도 한 번은 해봤을 것이다. 동물 역할을 맡은 사람들은 방에서 나가고 다른 참가자들은 어떤 행동을 학습시킬지 고민(예를 들면 등을 대고 누워 손을 위로 들거나 하는)한다. 우리가 다시 방으로 들어가면 게임은 시작된다. 물론 말을 해서는 안 되고 단지 클릭만 할 수 있으며, 우리는 이미 클리커가 긍정적인 신호라는 것을 '학습'해서 알고 있으므로, 트레이너가 어떤 기대를 하고 있는지 모르면서도 뭔가 '행동'하려 한다. 이때 트레이너는 적절한 순간에 자신이 기대했던 바를 우리가 이해할 수 있게끔 시도한다. 그건, 등을 대고 누워 양손을 위로 뻗는 것이다. 트레이너가 우리에게 분명하지 못한 신호를 주거나, 너무 늦게 혹은 제때 신호를 주지 못했을 때 실망을 경험하는 것이 중요하다. 이 실망과 좌절의 경험을 통해 우리는 무언가 제대로 해낼 수 있기를 희망하며, 온갖 행동을 시도한다. 우리에게 원하는 것이 이것이 맞냐며 말하려고 할지도 모른다. 하지만 그 모든 시도가 실패로 돌아가면 우리는 단념하고 만다. 이제 우리는 잘못된 신호를 받고 자신에게서 원하는 것이 무엇인지 제대로 이해하지 못했을 때 동물이 어떻게 느끼는지 이해할 수 있게 된다. 동물은 훈련에 대한 흥미를 잃어버리고 더 이상 협조하지 않게 된다.

헨리에타와 나는 15분 동안 두 가지 행동을 학습할 수 있었다. 우리는 만족스러웠다. 캠프는 사흘간 이어졌다. 내 원래 목표는 닭에게 명령에 따라 꼬끼오, 하고 울도록 가르치는 것이었다. 닭을 무리 지어 키울 때 이들은 끊임없이 서로 의사소통을 하는데, 수탉들은 특히 보디랭귀지를 쓰기도 한다. 수탉들이 걷는 모양, 더 자세히 말하면, 수탉들이 제 무리를 지켜보면서 의기양양하게 뽐내듯 걷는 모양 같은 것 말이다. 특히 흥미로운 것은 닭의 울음소리인데, 이 소리는 품종마다 모두 다르지만 개체마다도 다르다. 암탉이 근처에 있을 때, 수탉은 먹이를 먹을 때도 특별한 소리를 낸다. 또한 수탉은 경고할 때, 서로를 부를 때, 영역을 알릴 때, 또 어미와 새끼 사이에서 서로 의사소통할 때 모두 다른 소리를 낸다. 소리를 이용한 닭의 의사소통은 어쩌면 인간이 생각하는 수준보다 훨씬 높을지도 모른다.

'동물의 입장에서' 생각하기

헨리에타가 나에게 가르쳐 준 가장 중요한 것 중 하나는, 인간으로서 말고 동물의 입장이 되어 생각해야 한다는 것이었다. 동물 조련사나 사육사뿐 아니라 실험을 준비하고 계획해야 하는 과학자 역시 마찬가지다. 코끼리가 수량을 구분할 수 있는지 어떤지 알고 싶다면, 코끼리 앞에 일곱 개 혹은 여덟 개의 주사위가 있는지 어떤지 '눈으로' 세도록 하는 것은 적합하지 않다. 코끼리는, 비록 시력은 나쁘지만 다른 어떤 동물들보다 냄새를 잘 맡는데, 우리가 시각적으로는 결코 구분할 수 없는 수량을 후각으로 구분할 수도 있는 것이다.

우리의 과제는, 동물의 능력을 이해하기 위해 제대로 된 방식으로, 올바른 질문을 던지는 것이다. 이 시대의 가장 유명한 영장류학자이자 행동과학자인 프란스 드 발은 '동물이 얼마나 똑똑한지 알 만큼 우리는 똑똑한가Are we smart enough to know how smart animals are?'라는 제목의 근사한 책을 펴내어 이 문제의 핵심을 짚었다. 우리 인간은 과연 동물이 얼마나 똑똑한지 밝혀낼 수 있을 만큼 똑똑할까?

우리는 의심할 수도 있을 것이다. 코끼리가 거울에 비친 자신의 모습을 인지하는지, 그러니까 '자기 존재에 대해 이해'하고 있는지 어떤지 밝혀내려 실험을 하면서, 처음에 우리는 너무 작은 거울을 코끼리에게 주었다. 코끼리는 거울로 자신의 모습을 전부 볼 수 없었다. 무엇보다 코끼리에게 제 모습 전체를 볼 수 있는 크기의 거울을 우리에 넣어 주어야 했다. 거울은 만져 보고 살펴볼 수 있으며 쉽게 망가지지 않는 것이어야 하며, 거울 뒤에 뭐가 있는지 확인하기 위해 코끼리가 거울 주위를 둘러볼 수도 있어야 했다. 코끼리가 처음으로 거울을 마주했을 때, (유인원을 통해서도 알게 되었듯) 사물을 파악하는 모든 단계를 수행할 수 있도록 말이다. 그 뒤에야 우리는 비로소 코끼리가 거울 속의 자신을 인지한다는 사실을 증명할 수 있었다. 코끼리는 거울 속 제 입과 이빨을 자세히 들여다보고 코로 건드리기도 했다. 아마도 많은 포유류와 조류가 그렇듯, 아니 우리가 인지하지는 못하지만 어쩌면 모든 동물이 그렇듯, 코끼리가 자기 자신을 인지하고 있다는 사실에는 의심의 여지가 없었다.

우리를 '읽고' 도움을 구하는 동물들

놀랄 만한 에피소드들은 계속해서 나타난다. 인간을 향해 달려오거나 헤엄쳐 오는 동물처럼 매우 구체적으로 '도움을 구하는' 동물에 관한 얘기도 마찬가지다. 말은 인간의 시그널을 '읽을' 수 있는 것으로 알려져 있는데, 이들은 인간의 얼굴 표정에서 감정 상태를 인지할 수 있다. 일본 고베대학교의 연구진은 다음과 같은 실험을 했다. 이들은 말이 보지 못하도록 양동이에 당근을 넣어 말이 접근하기 어려운 목초지 바깥에 두었다. 그러고 나서 사육사가 말에게 다가갔다. 말들은 이제 어떻게 행동할까? 모든 말이 적극적으로 도움을 청했다. 말들은 사육사 가까이 다가가 눈을 마주치고 어떤 말은 사육사를 슬쩍 건드리기도 했다. 심지어 사육사가 당근을 숨기는 것을 보았는지 그렇지 않은지에 따라 말의 행동에 차이가 있었다. 당근 숨기는 것을 보지 못한 경우에 말들은 훨씬 더 집요하게 굴었다. 말들은 사육사가 무엇을 알고 있는지 알고 있는 것이었다. 이런 행동은 인지능력이 뛰어나다는 사실을 보여 주는데, 이 능력은 어쩌면 가축화와도 관련이 있을 것이다.

야생동물도 인간에게 도움을 구한다. 시드니대학교의 과학자들은 위와 비슷하게 캥거루의 먹이를 손이 닿지 않는 상자에 숨겼다. 그랬더니 캥거루는 실험자와 상자 사

동물을 잘 이해하기 위해 관심을 가지는 것은 우리뿐이 아니다. 말들은 심지어 우리 인간의 얼굴을 '읽을' 수도 있다.

이를 이리저리 주의 깊게 살피기 시작했다. 캥거루들 가운데 몇 마리는 실험자의 무릎에 코를 대고 계속 킁킁거리고 실험자를 발로 쿡쿡 건드리는 등 반려동물들한테서 나타나는 행동을 반복했다. 과학자에게 이것은 캥거루가 사람과 의사소통을 시도하고 있다는 분명한 증거였다.

인간과의 상호작용을 통해 동물이 인간을 '읽는' 법을 배우는 것은 확실하다. 케냐의 코끼리들은 계속해서 그곳의 토착민인 마사이족과 갈등을 일으킨다. 코끼리들이 보호구역의 경계를 넘기도 하지만, 마사이족도 종종 가축을 몰고 국립공원으로 들어왔다. 마사이족 남자들은 그들의 거주지나 소들이 물을 마시는 저수지에서 코끼리들을 몰아냈다. 심지어 그들은 때때로 폭력을 쓰고 창을 이용해 코끼리들에게 끔찍한 상처를 입히기도 한다.

코끼리는 인간의 목소리에서 나이와 성별과 민족을 인지하고 그에 따라 그들에게 위협이 되는지 아닌지를 추론하는 법을 배웠다. 케냐의 암보셀리 국립공원에서 서식스 대학교의 행동과학자 캐런 맥콤과 그의 팀은 야생 코끼리 가족에게 같은 내용의 오디오 샘플을 142개 들려주었다. "봐요, 저기 뒤에 코끼리 무리가 있어요!"라고 말하는 소리였다. 말하는 사람은 각자 자신만의 고유한 언어를 쓰는 마사이족이거나 캄바족으로, 모두 나이와 성별이 달랐다.

결과는 매우 놀라웠다. 코끼리는 남자 마사이족 목소리를 들었을 때만 겁을 먹고 반응을 보였다. 이들만이 코끼리를 사냥하기 때문이다. 마사이족은 코끼리와 방목지를 두고 경쟁을 하지만, 이방인 사냥꾼이 이 지역에 들어오는 것은 허용되지 않기 때문이다. 국제적으로 조직된 밀렵단들이 상아 때문에 코끼리를 죽이고 있지만, 암보셀리 국립공원에서는 코끼리를 사냥하는 게 어렵다. 그래서 유목민과 갈등이 있는데도, 이 지역의 코끼리 개체군은 케냐에서 몇 안 되는 안정적이고 건강한 개체군 가운데 하나이다.

우리가 동물에게 조종당하고 있는 걸까?

캐런 맥콤 교수는 케냐의 코끼리뿐 아니라 고양이도 연구하는데, 훌륭한 과학자 가운데 한 사람인 그녀는 언제나 내 롤모델이다.

이제 그녀는 친구가 되었다. 매우 잘 알려진 한 연구에서 캐런은 고양이들이 전략적으로 갸르릉거린다는 사실을 밝혀낼 수 있었다. 캐런은 집고양이들이 집사에게 뭔가 말하기 위해 갸르릉거리는 것이 아닐까 의심했고, 캐런과 동료들은 반려묘를 키우는 집사들에게 고양이가 갸르릉거리는 소리를 녹음해 달라고 부탁했다. 집사들은 고양이가 배부르고 만족한 상황과 배가 고파 먹이를 찾는 상황을 모두 녹음했다. 과학자들은 50명의 실험 참가자들에게 녹음된 소리를 들려주고 갸르릉거리는 다양한 소리를 구분해 보라고 요청했다.

실험 참가자들은 만족할 때 내는 갸르릉 소리와 먹이를 구걸하는 갸르릉 소리를 구분할 수 있었다. 그들은 먹이를 구하는 소리를 불편하게 받아들였고, 일부는 불쾌하게 생각하기도 했다. 고양이 소리를 분석한 결과, 일종의 속임수가 밝혀지기도 했는데, 먹이를 구할 때 고양이는 낮게 갸르릉거리는 소리에 더 높은 음의 야옹 소리를 섞어서 내고 있었던 것이다. 이런 울음소리는 우는 아기의 주파수대와 비슷한데, 인간은 이런 톤에 본능적으로 주의를 기울여 반응하게 된다.

인간은 반려동물에게 조종당하는 것일까? 사실, 인간의 반려동물은 진정한 관찰의 달인이다. 개들은 사람이 자신의 행동을 이해했는지 그렇지 않은지 정확하게 그 차이를 안다. 사람이 없거나 부주의할 때 개가 의도적으로 하는 어떤 행동은—사람이 당장 보이지 않는다고 해서 간식을 덥석 집어 먹는 것 같은—개들의 지능이 뛰어나다는 증표이다. 개들은 작은 제스처와 표정, 습관 하나하나를 인지하고 이 정보를 저장한다. 반려견을 키우는 사람은 아마도 집을 비울 때 반려견이 무엇을 하는지 알아보기 위해 카메라를 설치할 것이다. 반려견에게 아무리 침대 위에 올라가지 못하도록 주의를 줘도 우리는 너무나 자주 침대

커버가 움푹 꺼진 것을 목격하곤 한다. 식탁보가 마치 마술처럼 미끄러져 내려가고, 깜빡 잊고 놓아둔 테이블 위의 접시가 깨끗하게 비어 있는 것도 한두 번이 아니다.

내 반려견 릴리와 루나는 불규칙한 내 일상에 늘 주의를 기울이고 있다. 코로나 팬데믹 기간에 그랬듯, 재택근무를 많이 하는 경우 저녁 시간은 6시쯤이다. 15분쯤 늦으면 그나마 책망하는 듯한 눈빛을 보내는 정도이지만, 30분쯤 늦으면 릴리와 루나의 인내심은 거의 바닥나 버리고 만다. 릴리와 루나의 표정과 자세에서도 많은 것을 알 수 있지만, 나는 이들의 눈빛 역시 읽을 수 있다. '그래, 금방 줄게.' 잠시 달래 보지만 오래가지는 못한다. 컴퓨터 앞에서 좀 더 앉아 있다 보면 릴리와 루나는 자신들이 원하는 바를 보여 주기 위해 아주 구체적이고 의도적인 조치를 한다. 루나는 나와 신경전을 벌이기 시작한다. 루나는 단지 짖으며 덤벼들어서는 성공할 수 없다는 것을 알고 있다. 루나는 아주 낮고 달콤하게 짖어 대며 같이 놀자고 졸라 댄다. 릴리는 가끔 내게 자신의 유니콘 봉제 인형을 가지고 오는데, 그건 사실 놀아 달라는 것이 아니라 컴퓨터 앞에서 나를 일으키기 위한 행동이다. 내가 움직이면 릴리와 루나는 곧장 주방 쪽으로 달려가서 점잖게 그 앞에 앉는다. 주방은 개들이 출입할 수 없는 구역이지만,

흥미롭게도 이런 상황에서는 출입이 허용된다. 나에게 이런 행동은 조종이라기보다는 릴리와 루나가 자신들이 원하는 것을 얻기 위해 하는 매우 의도적인 의사소통이다.

내 반려견들은 나를 속속들이 알고 있다. 릴리와 루나는 내 목소리 톤만 듣고도 내 의도를 알아차린다. 물론 개들이 우리가 하는 말의 단어를 이해하는 것은 아니다. '앉다'라는 단어의 실제 의미를 아는 것은 아니지만, 우리가 이 단어를 반복해서 그 행동과 결합시키면 개는 앉는 법을 배운다. 그러니까, 개는 단어를 특정한 행동과 사람, 장소나 물건과 연결할 수 있는 것이다. 우리가 '앉다'라는 단어를 완전한 문장 안에 넣어서 말하면 개는 명령에 따르지 못할 것이 분명하다. 악센트가 완전히 달라져서 개에게는 전혀 다르게 들리기 때문이다. 개는 어떤 단어의 소리 특성을 기억한다. 때문에 모음이 강하게 발음되거나 잇소리가 길게 늘어지는 명령어가 특히 적합하다.

안타깝게도 인간은 항상 같은 톤으로 일관되게 말하지 않으며, 기분에 따라서도 톤이 달라진다. 개에게 짜증이 나거나 화가 나면 차분하게 "이쪽으로" 하지 않고, 곧잘 성급하게 "이리 와!" 하고 말해서 개를 혼란스럽게 만든다. 화가 나거나 조급한 마음을 목소리에 드러나지 않도록 억누르고 항상 같은 톤을 유지하며 명령하는 것은, 인간에게 가장 어려운 일 가운데 하나일 것이다. 날마다 목소리로 개들에게 얼마나 많은 영향을 미치는지 우리는 거의 신경을 쓰지 않는다.

'보디랭귀지' 의 비밀스러운 힘

박사 논문을 쓰는 동안 나는 남편과 함께 나이로비 국립공원에 있는 코끼리 고아원에서 몇 주 동안 자료를 수집했다. 이 보호소에는 케냐 전역에서 온 어린 동물들이 있다. 코끼리 고아들은 대부분 밀렵꾼을 만나 끔찍한 경험을 한 적이 있다. 이곳에서 무리를 이루어 생활하는 어린 코끼리들은 다시 충분히 자립할 수 있을 때까지 사랑이 가득한 보살핌을 받는다. 나는 어린 동물의 소리를 연구하고 있었기에 코끼리 고아원의 운영자인 다프네 셀드릭이 방문을 허락했을 때 기쁨을 감출 수가 없었다. 3개월~15개월 사이의 어린 코끼리 소리를 녹음할 수 있는 특별한 기회였다. 석사 논문을 쓸 때 쇤브룬 동물원에서 만난 남편은 코끼리 사육사였다. 나와는 달리 그때 남편은 이미 코끼리에 대한 실제 경험이 많은 사람이었다.

작은 무리를 이끄는 9개월 된 코끼리 웬디를 처음 만났을 때가 지금도 눈에 선하다. 첫날 아침, 우리 문이 열리자 웬디는 나를 보더니 곧장 달려와 내 배에 머리를 들이밀

나이로비 국립공원의 코끼리 고아원에서 3개월된 코끼리 마디바와 함께.

었다. 남편이 내 옆에 서 있었지만 그곳의 주인이 누구인지 보여 주기 위해 웬디는 나를 선택한 것이다. 덩치가 큰 이 아기 코끼리는, 코끼리와 교감하는 데 익숙한 남편과 달리 내가 코끼리를 다루는 게 서투르다는 것을 한눈에 알아보았다. 태어날 때 아기 코끼리의 체중은 약 100킬로그램이며 키도 평균 1미터 정도이다. 12개월쯤 되면 코끼리는 이미 몸집이 눈에 띄게 커져서 나와 눈높이가 비슷해지고, 체중은 거의 300킬로그램까지 나간다.

동물은 우리를 '읽고' 즉시 어떤 불안을 인지한다. 동물은 우리 목소리와 행동, 자세, 심지어는 우리 스스로가 미처 인지하지 못하는 아주 미묘한 신호까지도 알아차린다. 불확실한 움직임이나 머뭇거림은 동물에게 정확하게 이러한 불안을 알려 주는 신호가 된다. 또한 고도로 발달한 코끼리의 후각도 잊어서는 안 되며, 개는 실제로 불안의 냄새를 맡을 수도 있다는 사실을 잊지 말아야 한다.

더 이상 어리다고는 할 수 없는 생후 15개월의 수코끼리 나파샤는 정말 못 말리는 녀석이다. 나파샤는 나를 지켜보고 있다가 내가 혼자 있는 것을 발견할 때마다 나를 깜짝 놀라게 하며 재미있어했다. 나를 위협하느라 귀를 펼치며 달려와 내 앞에 멈추어 서서는 가만히 나를 쳐다보는 것이다. 덩치는 큰 차이가 나지만 우리는 키가 거의 똑같았다. 나파샤는 남편에게는 한 번도 그런 적이 없었다. 남편이나 다른 사육사가 바로 옆에 있어도 마찬가지였다. 나파샤는 상황을 아주 면밀히 관찰하고 나에게만 그렇게 행동하는 것이었다.

하지만 아주 조화로운 순간도 있었다. 내가 가장 좋아한 코끼리는 생후 3개월 된 아기 마디바였다. 우리는 많은 시간을 함께 보냈다. 정오가 되면 마디바는 내 무릎에 기대어 잠을 자곤 했다. 나는 지금도 마디바를 사랑한다. 마디바는 털이 아주 많아서 마치 작은 매머드처럼 보이기도 했다. 그리고 선예는 6개월 된 코끼리였는데, 이상할 정도로 저돌적이고 매우 자신감 넘치는 아가씨였다.

코끼리 고아원에서 하는 일은 정말 환상적이었다. 아기 동물들은 모두 심각한 트라우마에 시달리고 있었다. 엄마와 무리를 잃은 아기들은 먹기를 거부하고 몹시 쇠약해져 스스로를 포기하기 직전이었다. 하지만 다프네 셸드릭은 코코넛밀크를 베이스로 아기들이 잘 소화할 수 있는 분유를 만들어 내는 데 성공했다. 이 분유는 지금까지도 많은 동물원에서 수유에 문제가 있는 동물에게 쓰고 있다. 24시간 동물과 함께 지내는 사육사들은 동물을 담요와 짚으로 감싸 잠을 재운다. 아침에도 아기 코끼리들은 담요에 감싸여 있다. 무리의 보호를 받지 못하면 아기 코끼리들은 너무 추워서 폐렴에 걸리거나 심지어 죽을 수도 있다. 하지만 일단 이곳에 오면 코끼리들은 더 이상 단 한순간도 혼자가 아니다.

생후 1년 6개월이 되면 코끼리 고아원의 어린 코끼리들은 차보 국립공원으로 옮겨져서 야생으로 나갈 준비를 한다. 셸드릭의 프로그램은 그사이에 150마리가 넘는 고아 코끼리들을 야생으로 돌려보내는 데 성공했다. 웬디는 2019년 야생에서 두 번째 새끼를 낳았다. 처음 새끼를 낳았을 때 그랬듯 웬디는 새끼를 데리고 캠프로 왔다. 사육사에게 보여 주기 위해서였다. 과학적으로 증명할 순 없지만, 나는 웬디가 정말로 잊지 않았다고 생각한다. 사육사들이 한때 자신을 도왔다는 것을 말이다. 웬디는 사육사들을 지금까지 신뢰하고 있으며, 그래서 사육사들에게 갓 태어난 새끼를 데리고 와 이를 증명하고 있는 것이다.

이제 열여덟 살이 된 마디바는 위풍당당한 젊은 수컷이 되어 차보 국립공원에서도 아주 잘 지내고 있다. 마디바와 다른 고아 코끼리들과 헤어지면서 나는 몹시 울었다. 새끼 코끼리들의 소리와 행동—박사 논문의 많은 부분을 차지하는 자료가 되어 준—그리고 살고자 하는 코끼리들의 의지에 나는 몹시 감동했다. 다행히 그때 고아원에서 알게 된 아홉 마리의 고아 코끼리들은 모두 지금까지 살아남아 차보 국립공원에서 잘 지내고 있다. 이 아홉 마리의 코끼리는 전혀 예상치 못한 방식으로 나에게 큰 영향을 미쳤다.

열린 마음을 가져야

어떤 한 동물과 긴밀한 관계를 맺고 살다 보면 서로를 '읽는' 법을 배우게 되는데, 이것은 개건 코끼리건 다르지 않다. 가족끼리도 종종 누가 집에 들어서면서 "안녕" 하고 인사만 해도 그가 좋은 하루를 보냈는지 그렇지 않은지 알 수 있는 것처럼, 각기 다른 성격의 어떤 동물과 긴밀하게 접촉하는 경우도 마찬가지다. 우리는 동물을 '읽고', 동물도 우리를 '읽는' 것이다.

우리는 사회적으로 상호작용을 하면서 언제나 서로에게 영향을 미친다. 의사소통을 하는 과정에서 서로에게 영향을 미치는 것이다. 상호작용은 결코 일방적으로는 불가능하며, 서로 다른 종의 개체 사이에서도 마찬가지다. 우리는 이러한 상호작용에 참여해야 하며, 동물이 우리에게 전하고자 하는 메시지에 마음을 열어야 한다. 우리는 또한 우리의 태도에 대해 반성할 필요가 있다. 혹시 우리가 동물이 오해할 수 있는 방식으로 소통하고 있지는 않은가? 어떤 명령을 내리면서 보디랭귀지로는 반대의 뜻을 전달하고 있지는 않은가? 그것은 일상에서 하는 교류와 대화, 상호작용에서 나타나는 아주 사소한 모든 것들을 인지하고 있어야 하는 매우 길고도 예민한 과정이다.

2019년과 2020년에 오스트레일리아에서 일어난 산불을 생각하면 다들 떠오르는 장면이 있을 것이다. 소방관들을 향해 달려가고 기어가고 껑충껑충 뛰어가는 동물의 모습을 기억하는가? 특히 내 머릿속에 각인된 모습은 물병의 물을 마시는 코알라의 사진이었다. 코알라는 인간이 자신을 돕고 있다는 것을 이해하고 있었고, 그 도움을 받을 줄 알았다.

동물은 서로 의사소통하며, 우리 인간과도 소통한다. 동물에게도 의식과 감정이 있다. 이 점에 있어서 나는 만약 동물에게 감정이 있다는 사실을 부정하려면 그들에게 감정이 없다는 것을 먼저 정확하게 증명하라 했던 프란스 드 발을 뒤따르려 한다. 하지만 지금은—너무나 부당하게도—동물이 감정을 느낀다는 것을 먼저 증명하는 것이 과학적 관행으로 굳어져 있다.

만약 동물도 우리와 비슷하게 느낀다는 사실을 받아들인다면, 인간은 어떻게 동물에 대한 우리의 태도를 정당화할 수 있을까? 그럴 경우, 우리의 착취적인 행태에는 어떤 영향을 미치게 될까? 앞으로도 계속해서 재미 삼아 동물을 사냥하는 트로피 헌팅을 하고, 공장식 사육장에 동물을 가두어 두고, 도축할 동물을 몇 주나 걸려 다른 나라로 운송하고, 인간이 먹을 우유 때문에 어미한테서 새끼를 떼어 놓을 수 있을까? 동물의 뼈와 비늘 그리고 뿔이 지위를 상징하기 때문에, 혹은 그것이 우리의 힘을 강하게 해 준다는 믿음 때문에 동물이 언제까지 죽어야 할까?

2020년 오스트레일리아에서 일어난 산불은 동물에게 특히나 위협적이었다. 이 코알라는 구조되어 소방관들의 도움을 받을 수 있었다.

나는 여전히 이 질문에 대한 답을 기다리고 있지만, 행동 및 인지과학자로서 동물이 우리가 생각하는 것보다 훨씬 더 우리와 비슷하다는 사실을 여러 연구를 통해 증명하고 있다. 이것이 바로 인간과 동물의 관계에서도 행동 연구가 중요한 이유일 것이다. 몇몇 에피소드로 우리는 더 이상 지나칠 수 없는 사실을 확인할 수 있다.

8

인간만을 위한 개념일까?

독창성과 고유성에 대하여

2020년 3월, '월드와이드 뮤직 콘퍼런스' 조직팀에서 메일을 하나 보내왔다. 메일을 열어 본 나는 깜짝 놀라지 않을 수 없었다. 첫 콘퍼런스에서 강연을 해 달라는 초청 메일이었다. 그러니까, 나에게 기조연설을 해 달라는 것이었다. 나는 너무나 큰 영광에 조금 당황했고, 매우 기쁘지만 조직팀에서 내가 어떤 분야를 연구하고 있는지 정확하게 알고 있는지 먼저 확인하고 싶다고 회신을 보냈다.

곧장 회신이 왔다. 그들은 당연히 내가 코끼리를 중심으로 동물의 의사소통에 대해 연구하는 것을 알고 있다고 했고, 그래서 나를 초대한다고도 했다. 그들은 예술가와 뮤지션, 가수, 음악학자, 언어학자, 생물음향학자 같은 여러 분야의 전문가들이 교류하기를 원하고 있었다.

이번 콘퍼런스의 주제 가운데 하나는 바이오뮤직*과 동물은 음악을 아는가, 하는 질문이었다. 여기에는 하나의 전제가 있다. 고래와 새 그리고 긴팔원숭이의 노래는 전통적인 의미에서 유효할 뿐 아니라 인간과 다른 많은 동물이 공통으로 가지고 있는 보편적인 음악적 본능에 기인한다는 것이다. 아무려나, 음악이 우리에게 감동을 주는 것은 우리의 잠재의식 깊숙한 곳에 닻을 내리고 감정의

* 자연계에서 나는 소리를 이용하여 만든 음악. 실험 음악의 하나로, 인간이 창작하거나 만든 소리가 아닌 소리로 만든 음악을 말한다.

근원을 건드리기 때문이다.

생물학적 정의에 따르면 노래는, 반복적이고 리드미컬한 소리의 시퀀스이다. 그게 귀뚜라미의 노래이든, 새나 고래 혹은 다른 어떤 동물이 만들었든 말이다. 많은 동물이 노래할 때, 마치 작곡가가 곡을 만들 때처럼 일정한 규칙을 따른다. 예를 들어 갈색지빠귀는 한 옥타브 안에 5개의 음도가 있는 5음계를 사용한다.♪ 아시아의 전통적인 음악도 이런 음조직에 기반하고 있다. 반면 개미개똥지빠귀는 7개의 온음과 2개의 반음을 지닌 서양음악의 온음계에 바탕을 두고 있다. 점점 커지는 크레셴도와 점점 작아지는 디미누엔도는 마치 노래하는 듀엣 같은 새들의 레퍼토리에도 정확하게 나타난다.

심지어 악기를 사용하는 동물도 있다. 북오스트레일리아의 야자잎검은유황앵무새는 공명이 잘되는 속이 빈 나뭇가지를 찾아 오래 탐색한 다음, 스스로 나뭇가지를 부러뜨려 드럼스틱처럼 써서 암컷에게 깊은 인상을 남긴다. 음악을 만들고 사용하는 데 있어 인간과 동물 사이에는 놀랄 정도로 많은 유사점이 있는 것이다.

생물음향학자이자 생물학자로서 이런 유사성은 그리

♪ 전통적인 아시아 음악과 비슷하게 갈색지빠귀의 노래는 5음계에 기반을 두고 있다.

부서진 나뭇가지를 마치 드럼스틱처럼 이용하는 야자잎검은유황앵무새.

놀랍지 않다. 결국, 모든 고등 척추동물은 비슷한 신경계를 가지고 있으며, 각종 소음과 울림, 공명과 배음이 있는 같은 환경에서 살아간다. 결국 문제는 동물이 실제로 음악적 창의성 같은 것을 가지고 있는가 하는 것이다. 동물의 노래는 우선 번식을 위한 생물학적 기능이 있다. 하지만 바로 이런 맥락에서 나는 동물의 세계에도 창의성과 혁신이 필요하다고 생각한다. 왜 우리는 처음부터 인간만 다르다고 생각했을까?

이러한 논의와 고찰은 몹시 흥미롭다. 하지만 이것은 우리가 학문의 경계를 넘어 고민할 때, 다른 분야의 연구자, 전문가와 의견을 나누고 기존의 정의와 개념을 평가절하하지 않으면서 이것들을 깨뜨려 나갈 때 가능하다. 오랫동안 인간생물학자만 써 온 개념이지만, 동물학에서도 같은 의미로 쓸 수 있는 개념은 충분히 많다. 동물에게 친구는 '사회적 파트너'이며, 두려움은 '스트레스 반응'이며, 언어는 곧 '의사소통'을 의미한다.

옥시토신 ·· 호르몬은 어떻게 모성애에 영향을 미치는가

현재는 동물의 행동을 설명할 때도 오랫동안 인간의 특성이라고 여겼던 개념들을 점점 더 받아들여 쓰고 있다. 영장류학자 제인 구달이 1960년대 침팬지 행동을 연구하기 시작했을 때 그는 연구 대상에 번호를 붙이지 않고 이름을 붙였다는 이유로 비판을 받았다. 요즘 나는 학술 출판물에서도 내 연구 대상의 이름을 아무 거리낌 없이 쓰고 있으며, '그것' 대신 '그' 혹은 '그녀' 같은 인칭대명사도 마음대로 쓴다. 사실 이를 어떤 성과라고 언급하는 것조차 어이없어 보이지만, 아직 모든 연구 분야에서 당연한 것으로 인정하는 것은 아니다. 실험실의 실험용 쥐는 여전히 그저 번호에 불과하다. 하지만 고백한 바와 같이, 동물을 경시하는 것과 항상 관련이 있는 것은 아니다. 실험 대상이 많거나 할 때는 단지 실용적인 이유에서도 그렇게들 한다.

점점 더 많은 연구자와 학자는 이미 영장류와 코끼리, 개들뿐 아니라 쥐나 생쥐에게도 감정이 있다는 것을 인정하고 있다. 실제로 동물, 특히 실험 대상이 되는 동물의 감정은 전 세계에서 연구하고 있다. 오늘날의 연구자들이 예전보다 더 감성적이어서가 아니라, 우리가 이제 인간과 동물 사이의 공통된 생물학적 기초에 대해 더 많이 알게 되었기 때문이다. 예를 들어, 저명한 미국의 심리학자이자 신경과학자인 조지프 르두는 인간과 쥐의 뇌간이 몹시 비슷하다고 주장한다. 그렇다면 쥐가 감정을 느끼지 못할 이유가 없지 않을까? 미국의 행동생물학자인 마크 베코프는 동물도 인간처럼 우정과 증오, 기쁨, 슬픔, 동정심을 느낀다고 확신하고 있다. 사랑도 마찬가지다.

나는 모성애가 어떻게 생겨나는지를 설명하는 것으로 이를 잘 보여 줄 수 있을 것 같다. 우리는 그사이에, 옥시토신 호르몬이 감정의 발달에 큰 영향을 미친다는 사실을 알아냈다. 이 전달 물질은 출산 중에 분비되며, 이후 수유 때 다시 분비된다. 이것은 인간뿐 아니라 소와 돼지, 생쥐

모성애는 무엇보다 옥시토신의 영향으로 생기는데, 이것은 결코 인간만의 감정이 아니다.

와 기린 역시 마찬가지다.

모성애는 가장 강한 감정 중의 하나로 알려져 있으며, 이 감정을 '해독'하기 위한 연구는 일찍부터 시작되었다. 이를 통해 어머니의 위대한 감정이 어떻게 생겨나는지 그리고 어머니는 왜 아이들을 위해 그토록 희생하며, 심지어 자신의 목숨을 걸기도 하는지 이해하고자 했다.

엄마와 아이 사이에 어떻게 해서 일찍부터 강한 유대감이 생겨나는지, 두 명의 미국 과학자가 1968년에 처음으로 밝혀낸 바 있다. 이들은 아직 어리고 아이가 없는 쥐에게 갓 새끼를 낳은 동종의 혈액을 수사했다. 쥐들은 즉각

보금자리를 마련하기 시작했고, 낯선 새끼 쥐에게 먹이를 주고 돌보기 시작했다. 11년 후, 마침내 옥시토신이라는 호르몬이 이러한 모성의 행동을 일으킨다는 사실이 밝혀졌다. 우리는 이미 오래전부터 옥시토신이 인간뿐 아니라 쥐에게도 모성 행동을 일으킨다는 사실을 알고 있었다. 그런데 어째서 우리는 여전히 동물에게 이런 감정이 없는 것처럼 행동하는 것일까?

함께 노래한다는 것 ‥ 합창은 사회적 유대를 강화한다

월드 와이드 뮤직 콘퍼런스 둘째 날, 내게 특히나 영감을 주는 강연이 있었다. 퀸즐랜드대학교 음악대학의 줄리 발렌타인이 강연한 '음악 교육'이었다. 그녀는 합창단에서 함께 노래를 부르거나 밴드에서 연주하는 것처럼 함께 음악을 하는 것이 얼마나 사람들 사이의 유대감을 강화하는지에 대해 설명했다. 짐바브웨의 속담 중에 "말할 수 있다면, 노래할 수 있다"는 말이 있다. 말할 수 있는 사람은 누구든 노래할 수 있다는 뜻이다. 하지만 말을 할 수 없는 사람도 음악을 할 수 있다. 노래와 음악은 비슷한 경험을 하게 만들고, 같은 리듬을 즐기게 만들고, 소속감을 생기게 하고 이를 강화한다.

합창을 하는 동물의 행동에는 흥미로운 유사점이 있다.

듀엣이나 합창으로 소리를 내고 노래를 부르는 것은 진화적으로 중요한 역할을 한다. 모든 종의 긴팔원숭이는 일부일처제이며, 이 영장류는 평생 서로 긴밀한 관계를 유지하는데, 이들 긴팔원숭이의 노래는 종에 따라 모두 다르며 다양한 소리로 구성되어 있다. 수컷과 암컷은 같은 레퍼토리를 가지고 있으며, 이들은 새벽녘에 정기적으로 노래를 부른다.♪ 연구자들은 긴팔원숭이 커플이 새벽에 누가 그 지역의 주인인지, 그러니까 누가 '노래'할 수 있는지를 명확하게 보이려는 행동이라고 추측하고 있다. 그리고 새로운 파트너와의 듀엣 송은 아무래도 잘 맞지 않기 때문에 파트너를 떠나는 것은 그다지 유리하지 않다는 것도 발견해 냈다. 결국 이들은 서로 더 잘 맞는 커플에게 종종 영역을 뺏기기도 한다.

어쩌면 모두 깜짝 놀랄지도 모르겠지만, 적어도 코끼리 연구자들 사이에서는 코끼리 역시 합창으로 유명하다. 코끼리 무리의 모든 구성원이 함께 목소리를 높이는 특정한 상황이 있다. 이럴 때 우르렁 소리와 트럼펫 소리로 이루어진 거대한 소리구름이 만들어진다. 짝짓기와 출산, 한 무리 혹은 서로 친한 두 무리의 구성원들이 헤어졌다가

♪ 한 쌍의 긴팔원숭이가 아침 듀엣 송을 부르고 있다.

다시 만나서 환영 인사를 나눌 때 이런 일이 일어난다. 환영 인사를 하는 것은 일종의 의식과도 같다. 다 같이 목소리를 높이고 가까이 다가가 코로 서로를 어루만지고 냄새를 맡고 축을 중심으로 회전하며 서로 뒤엉켜 든다. 이런 의식은 몇 분씩 이어지는데, 비록 낮고 조용해지긴 하지만 우르렁거리는 소리는 무리가 천천히 진정되는 동안에도 길게 이어진다.

동물의 합창이 정확하게 어떤 기능을 하는지, 연구자들 사이에서는 아직 의견이 분분하지만, 한 가지만은 분명하다. 다른 동물에게 자기 구역을 확실하게 구분해서 보이고 제 능력과 강인함을 과시하는 것 말고도, 합창과 듀엣송은 무리 내부나 커플 사이에도 영향을 미친다는 것이다. 그리고 이 노래들은 각 개체 간의 사회적 유대를 강화한다. 여기에서 우리는 다시 인간과 동물 사이의 공통점을 찾을 수 있다. 인간도 함께 음악을 하는 데에는 언제나 여러 기능이 있으니까 말이다. 오케스트라나 합창단, 록밴드는 당연히 관객에게도 깊은 인상을 주지만, 줄리 발렌타인이 월드 와이드 뮤직 콘퍼런스에서 확인해 주었듯, 음악을 통해 그룹이나 합창단 안에서도 강한 유대감이 이루어진다.

'말썽꾸러기 곰'의 개성

동물도 감정이 있고, 함께 노래하고 소리를 내고, 또 각자의 개성이 있다. 아니, 동물에게는 '개별성' 혹은 '개별적 행동'이라고 하는 편이 나을까?

확실히 개성이라는 개념은 그사이에 동물을 연구하는 학문에서도 사용하게 되었다. 인간에게 개성이 있듯 동물에게도 개체마다 개성이 있다. 줄을 설 때 팔꿈치로 앞 사람을 밀치거나 운전을 할 때 무리하게 먼저 가려는 공격적인 사람이 있는가 하면, 배려심이 많은 사람, 소심하거나 소극적인 사람도 있는데, 동물에게도 비슷한 행동의 차이가 있다. 좋은 일인 것 같다. 내 개들은 모두 개성이 강한데, 특히 릴리는 성격이 아주 특이하다. 릴리는 루나처럼 나를 맞으러 달려오지 않는다. 우리가 먼저 "안녕 릴리" 하고 인사한 후에야 릴리는 천천히 일어나 몸을 쭉 펴고는 천천히 다가온다. 릴리는 느긋하게 다가와 차분히 우리의 애정을 만끽한다. 아주 스타일리시하게 말이다.

내가 가까이 알고 지냈던 코끼리들은 모두 자신만의 개성과 성격이 있었다. 어떤 녀석은 다른 코끼리보다 장난기가 많았고, 또 어떤 녀석은 온순했으며, 성질이 급한 녀석도 있고, 권위적인 코끼리도 있었다. 서로 다른 성격의 동물이 모여 있는 것은, 때때로 그 무리가 가뭄과 같은 위

암컷인 릴리는 성격이 아주 특이하다. 고유한 개성은 단지 인간만이 가지고 있는 것은 아니다.

기 상황에 대처할 수 있는지 어떤지를 결정짓기도 한다. 코끼리들 사이에서도 성격이 강한 코끼리가 인정받게 마련이며, 가장 똑똑하고 문제를 해결하는 데 경험이 많은 암코끼리가 보통 리더의 역할을 맡는다. 다양한 개성은 진화에서 중요한 요소이다. 전략이 다양할수록 변화하는 생활환경에 잘 적응할 가능성이 높아지기 때문이다.

단 세 종류의 참새목으로만 이루어진 파랑새들한테서 영토를 점령하기 위해 새로운 지역으로 날아가는 공격적인 수컷들을 발견할 수 있었다. 하지만 이 공격적인 수컷들은 번식을 위한 경쟁에서는 대부분 지고 마는데, 이들이 싸움에 더 많은 시간을 쓸수록, 암컷 파트너를 돌볼 시간이 줄어들기 때문이다. 그래서 이들은 덜 공격적인 수컷보다 새끼들이 적다. 하지만 이들의 공격성은 일반적으로 새로운 영역을 개척하는 데 매우 유용하다. 따라서 두 성격 모두 종의 보존에는 중요하다.

동물의 개성은 인간과 야생동물 사이의 갈등을 해결하거나 조정하는 데도 매우 중요한 것으로 여겨진다. 모든 코끼리가 인간의 마을에 접근해 들판을 습격하지는 않는다. 그러려면 무엇보다 얼마간의 위험을 각오해야 하기 때문이다. 코요테나 늑대도 비슷한데, 이들 중에도 양들을 공격하는 개체가 있는가 하면 그렇지 않은 개체도 있다.

이런 유형의 문제를 파악할 수 있다면 우리는 코요테나 곰 혹은 늑대, 코끼리나 다른 많은 동물과의 갈등을 피할 수 있는 훨씬 더 효과적인 방법들을 개발할 수 있을 것이다. 일정 지역의 코요테와 늑대를 모두 없애 버리는 대신, 특정한 코요테나 늑대가 양을 공격하는 것을 막을 수도 있을 것이다. 달리 말하자면, 동물 세계에서 개성의 유형을 더 잘 이해하면 야생동물을 더 효율적이고 인도적인 방식으로 관리할 수 있을 것이다.

그렇다면, 인간 본성의 속성과 욕구를 동물에게 부여하는 이른바 의인화에 대해 재고하고, 이를 더 이상 부정적으로 여기지 말아야 할 때가 된 것일까? 내 생각에는 그렇다. 동물은 고통뿐 아니라 다른 많은 것을 느낄 수 있다. 이에 대한 과학적인 증거를 더 이상 간과해서는 안 될 것이다.

진화론 관점에서 볼 때 감정과 학습 행동이 처리되는 뇌의 영역은 매우 일찍 발달하며, 물고기의 뇌처럼 비교적 단순한 뇌에서도 고도로 발달한 포유류 뇌와 유사한 구조가 발견된다. 그렇다면 적어도 비슷한 뇌 구조를 가진 생명체는 단지 반사작용을 통해서만이 아니라 감정적으로도 제어할 수 있지 않을까?

9

더 귀 기울이기!

서로에게
귀 기울이는 것이
존중하는 태도이다

나는 지금 관람객이 다니는 길에서 멀리 떨어진 아도 코끼리 국립공원 한가운데, 내가 가장 좋아하는 장소 중 한 곳에 있다. 하푸어 연못과 루이담 연못 사이의 작은 오솔길, 나는 차 옆에서 먹이를 찾고 있는 혹멧돼지 가족을 지켜보고 있다. 혹멧돼지들은 모두 즐거운 듯 꿀꿀거린다. 멧돼지들은 무릎을 꿇고 주둥이로 바닥을 파헤치면서도 계속해서 꿀꿀거리며 서로 의사소통을 한다.

차 외부에 설치해 놓은 마이크가 켜져 있었고 나는 헤드폰을 끼고 있었기 때문에, 그 소리를 모두 듣고 있었다. 저 멀리에서는 영양의 일종인 쿠두 무리가 풀을 뜯고 있

차에 설치해 놓은 300킬로그램의 서브우퍼를 이용하면 낮고 깊은 코끼리의 소리를 재생시켜 반응을 관찰하고 소리의 의미를 연구할 수 있다.

었는데, 쿠두가 풀을 뜯는 소리까지 들을 수 있었다. 보이진 않았지만 뿔닭들이 꼬끼오, 하고 울어 대는 소리도 들렸고, 뒤쪽 덤불 속에서는 피리새들이 큰 소리로 재잘대고 있었다. 헤드폰 속에서는 다양한 동물의 오케스트라가 전기를 통해 증폭된 콘서트를 열고 있었다. 나는 몸을 뒤로 기대어 눈을 감고 이 모든 소리에 나를 맡긴다. 실험만 아니라면 사바나의 소리를 차분하고 느긋하게 즐길 수 있었을 텐데.

국립공원에서도 너무 시끄러운

동료 앤톤 바오틱과 동이 트기 전부터 공원에서 작업을 시작했는데, 지금은 벌써 8시가 넘어 주변의 소음이 점점 더 심해지고 있다. 물론 혹멧돼지와 뿔닭 얘기가 아니다. 이들의 소리는 전혀 다른 톤이기 때문에 우리의 실험을 방해하지 않는다. 문제는 인간이 내는 비교적 낮은 주파수의 소음인데, 이 소리는 코끼리의 낮은 우르렁 소리와 정확하게 겹친다.

거의 3킬로미터나 떨어져 있는 선로를 지나가는 기차 소리가 들리고, 공원에서 거의 비슷하게 떨어진 고속도로의 소음이 들린다. 관람객의 차량이 점점 더 많아진다 했더니 곧장 머리 위로 여객기가 지나간다. 여객기의 터빈 소리는 오랫동안 귓가에 남는다.

이제 실험을 계속할 수 있겠다 생각한 순간, 경비행기의 모터 소리가 들린다. 28년째 동물의 건강과 안전을 돌보고 있는 아도 국립공원의 자연보호 관리자인 존 아덴도르프의 비행기다. 그는 일주일에도 몇 번씩 공원에 별다른 일은 없는지 감독 비행을 나선다. 허가받지 않은 일들이 벌어지고 있지는 않은지, 싸움을 벌인 후 동물이 다치진 않았는지 따위를 살피는 것이다. 그는 특별히 낮게 비행하며 우리에게 인사했다. 헤드폰 때문에 소리가 너무 커서 잠깐 멍해졌던 나 역시 화답하며 손을 흔들었다. 앞으로 20~30분 정도는 계속해서 그의 경비행기 소리를 들어야 할 것이다.

그동안은 좀 쉬어야 한다. 우리가 이 국립공원의 동물에게 어떤 영향을 미치는지 생각해 볼 때이다. 아도 국립공원에서는 야생동물과 인간이 함께 살아가는 데서 생기는 문제를 여러 측면에서 살펴볼 수 있다. 자연보호구역에 있으면서도 어디선가 잡음이 들리지 않는 순간을 찾기란 거의 불가능하다.

과학자로서 이런 소음을 듣는 게 몹시 괴롭다. 그런데 공원의 동물에게는 어떨까? 차를 타고 공원을 가로질러 연구 장소로 갈 때 우리도 마찬가지고, 동물을 돌보는 공

아도 국립공원에서 함께 연구하고 있는 동료 앤톤 바오틱과 함께.

원 매니저들조차 소음을 만든다. 그동안 녹음해 온 소리 자료들을 통해 자동차 엔진의 소음이 코끼리의 어떤 소리와 비슷한 주파수 범위에 있다는 것을 알게 되었다. 만약 30~40대의 자동차가 연못가에 서 있거나, 도착하고 또 떠나고 에어컨을 켠다면, 동물에겐 어떤 영향을 미칠까? 냄새는 말할 것도 없고, 코끼리뿐 아니라 다른 동물이 소리를 이용해 의사소통하는 데 크게 방해가 될 것은 분명하다. 남아프리카에 있으면 나는 늘 바다에 끌린다. 나는 고래를 좋아하는데, 특히 남아프리카의 겨울철에는 인도양 해안에서 혹등고래와 남방긴수염고래를 많이 볼 수 있다.

아도 국립공원을 '빅7'의 고향이라고 하는 이유 가운데 하나도 이 거대한 생물들이 살고 있기 때문이다. 코끼리, 사자, 코뿔소, 표범, 버펄로 말고도 보호구역의 '해양 섹션'에는 수염고래와 백상아리도 있다.

고래를 관찰하기 위해 보트를 타고 고래에게 다가갈 때 몇 가지 규칙이 있다. 항상 고래가 수영하는 방향에서 30도 정도 각도에서, 언제라도 고래가 편하게 움직일 수 있도록 거리를 유지해야 한다는 것이다. 여러 명이 한 번에 다가가서도 안 되며, 무리에서 한 마리를 떼어 놓아서도 안 된다. 고래에게서 최소 100미터 이상 떨어져야 하며, 최대 두 척의 보트가 300미터 반경 너머에 있어야 한다. 고래가 보트 가까이 다가오면 엔진을 끄거나 적어도 공회전을 해야 한다. 이러한 규칙은 매우 중요하다. '단지' 지켜보기만 한다 해도, 우리는 고래의 서식지에 들어가는 것이므로 최소한으로만 방해해야 하는 것이다.

반면 코끼리와 코뿔소와 기린 같은 동물을 관찰할 때는 명확한 규칙이 없다. 좋은 사진을 찍기 위해 관람객의 자동차는 동물의 무리 사이로 들어가거나 아주 가까이 다가간다. 코끼리 무리나 기린 혹은 버펄로 무리와 얼마나 거리를 두어야 하는지에 대한 지침은 없다. 연못가에 동시에 정차할 수 있는 차량 수나 공원 안으로 들어갈 수 있는 차량 수에 대해서도 제한이 없다. 남아프리카 최대의 국립공원인 크루거 국립공원에서 나는 심지어 교통 체증을 경험한 적도 있다. 그 국립공원의 길가에서 사자 혹은 표범이 발견되었을 때 경찰들이 교통을 통제하는 것을 보았다.

이런 장면을 생각해 보면, 이제 이 지구상의 포유동물과 더 거리를 두고 이들을 평화롭게 두어야 할 때가 아닐까? 그래서 우리는 공원의 경영진들과 얘기를 나누며, 자동차의 소음이 코끼리의 의사소통에 얼마나 방해가 되는지 우리가 녹음한 자료를 들려주었다. 코끼리의 우르렁 소리는 부분적으로 자동차 소음에 완전히 묻히기도 했다.

그 뒤 아도 코끼리 국립공원은 남아프리카의 국립공원 최초로 관람객에게 이런 문제에 대해 주의해 줄 것을 요구하는 안내판을 설치했다. 관광객은 코끼리나 다른 동물을 관찰할 때 자동차의 엔진을 꺼야 했다. 이런 방침은 훨씬 더 근사한 자연을 경험하게 해 주었다. 이것은 소음 공해라는 주제와 인간으로 인한 소음이 동물의 의사소통에 미칠 수 있는 영향에 대한 인식을 높이는 아주 중요한 첫걸음이었다. 우리는 연구를 통해 동물의 이익을 대변할 수 있다. 비록 아주 작은 부분일지라도 동물의 복지를 위해 우리 연구에 귀 기울이고 우리 요구를 받아들이는 것은 너무나 기쁜 일이다.

음향 모니터링을 통해 더 섬세하게 보호를

생물음향학은 자연과 종의 보호를 위해 중요하며, 무엇보다 비침입성의 도구이다. 우리는 동물에게 스트레스를 일으킬 필요도, 이들을 포획하거나 마취할 필요도 없다. 우리는 그저 귀 기울여 듣기만 하면 되는 것이다.

오스트리아 장크트푈텐 응용과학대학의 컴퓨터 전문가인 마티아스 제펠자우어와 협업하여, 코끼리를 위한 음향 모니터링 및 조기경보 시스템을 개발하고 있다. 안타깝게도 인간과 코끼리 사이의 만남이 늘 평화롭게 끝나는 것은 아니다. 아프리카와 아시아에서 사람들은 점점 더 동물의 서식지 가까이, 심지어는 그 안에까지 터를 잡고 있으므로, 동물과 마주치지 않기란 불가능하다. 종종 국립공원의 경계 지역에는 소농들이 농사를 지으며 살고 있는데, 코끼리들은 보통 밤에 숲에서 나와 이 들판을 습격해서 귀한 농작물들을 망가뜨려 놓는다. 코끼리의 습격을 받은 농부는 더 이상 가족을 부양할 수 없게 된다.

농작물을 지키기 위해 농부들이 코끼리들을 쫓아내려 하는 것은 이해할 만하다. 슬프게도, 이런 맥락에서 코끼리가 사람을 죽게 하거나, 사람들이 코끼리를 죽게 만드는 일이 너무 자주 일어난다. 세계적으로, 매년 300명쯤 되는 사람들이 코끼리 때문에 죽는 것으로 추정한다.

서식지와 자원 그리고 빈곤을 둘러싼 갈등은 다시 밀렵으로 이어진다. 코끼리와 다른 많은 동물의 생존을 위해 인간과 야생동물이 공존할 수 있는 방법을 찾아야 한다.

우리가 지금 연구하고 있는, 소리를 이용한 조기경보 시스템은 저주파의 광범위한 우르렁 소리를 이용하는데, 이 소리는 조건에 따라 몇 킬로미터 떨어진 곳에서도 감지할 수 있다. 우리 시스템이 자동으로 코끼리 소리를 감지하고 인식해서—그러니까 주변에서 들어오는 모든 소음에서 이를 걸러 내어—해당 지역에 코끼리가 머물고 있음을 표시하거나 나아가 알람을 울리도록 하는 것이다. 사람들은 이 잿빛의 거인들이 들판이나 마을에 나타나기 전에 미리 경고를 받게 될 것이고, 이들을 쫓아내기 위해 미리 방어 조치를 할 수 있을 것이다.

이런 시스템은 코끼리가 언제 그리고 어디에서 특정한 이동 경로를 이용하는지 관찰하고 모니터링하는 데도 적용할 수 있으며, 이를 통해 우리는 그 지역에 얼마나 많은 동물이 있는지도 추정할 수 있다. 이렇게 감지한 소리를 바탕으로 코끼리 무리의 크기와 연령의 구성도 추정할 수 있다. 이것은 특히 아시아코끼리와 아프리카 둥근귀코끼리에게 유용할 것이다. 이런 종들이 머무는 지역은 울창한 초목 때문에 항공기를 이용해 동물의 수나 개체군을 관찰하는 것이 불가능하다.

코끼리 조기경보 시스템의 프로토타입은 마련되었지만, 시간과 비용은 아직 부족하다. 현장에서 장치를 테스트하고 각 지역에 맞게 조정할 수 있는 자본이 필요한 것이다. 그래야만 조기경보 시스템을 신뢰할 수 있을 것이며, 그렇지 않으면 다 소용이 없게 될 것이다.

아도 국립공원에서 우리는 또 다른 문제와 직면했다. 남아프리카 정부는 국립공원에서 불과 5킬로미터 거리에 높이 150미터의 터빈 42개를 설치한 거대한 풍력발전소를 세우려 계획하고 있었다. 이 풍력기들은 초저주파음대의 강한 소음을 일으킨다. 공원의 경영진과 우리 연구진은 최대 20킬로미터 밖까지 도달하는 것으로 밝혀진 풍력기의 초저주파음이 동물의 의사소통과 복지를 방해한다는 점이 몹시 걱정된다.

풍력발전에 의한 에너지 생산은 화석연료에 대응할 지속가능한 대안이긴 하지만 국립공원 근처에서는 부정적인 영향이 너무 크다. 많은 동물이 초저주파음을 감지하므로, 이에 대한 연구가 시급하다. 이것은 단지 남아프리카의 동물에게만 해당하는 것이 아니라, 일부 지역에서 풍력발전에 크게 의존하고 있는 오스트리아와 독일 같은 지역의 동물에게도 마찬가지다.

소음과 그에 따른 결과

소음 공해는 많은 지역에서 동물에게 큰 문제가 되고 있다. 소음은 종류나 크기에 따라 동물의 심장박동을 빠르게 하고 신경을 예민하게 만든다. 또한 소음은 동물의 행동을 변화시키거나 청각을 상하게도 하며, 도망가게 하기도 한다. 그리고 소음은 경우에 따라 개체 간의 의사소통을 방해하며 종들 간의 의사소통 역시 방해한다. 북부홍관조는 시끄러운 환경에서는 박새의 경고 소리에 반응하지 않는다. 반면 조용한 지역에서 박새의 경고 소리는 여러 다양한 새들이 이용한다.

이렇게 다른 종의 소리를 이용하는 것은 명금류 사이에서뿐 아니라 (코끼리는 물론이고) 포유류와 파충류에게도

북부홍관조는 보통 박새의 경고에 반응하지만 시끄러운 환경 속에서는 반응하지 못한다.

흔한 전략이다. 소음이 있어도 더 조용한 지역으로 피할 수 없는 새들은, 에너지가 많이 드는 전략을 택할 수밖에 없다. 점점 더 크게 지저귀는 것이다. 한 연구는, 베를린에 있는 명금류가 주변의 숲에 사는 친족들보다 14데시벨 더 크게 노래하고 있다는 사실을 보여 주었다. 이것은 몸집이 작은 새에게는 큰 부담이다. 에너지 소모가 너무 큰 것이다.

개구리의 경우, 거리에서 들리는 소음이 스트레스 호르몬의 변화를 일으키고, 면역 체계를 약화시킬 수 있다. 이러한 영향은 소음 공해가 심한 지역에서 종종 야생 조류나 다른 동물의 개체군이 줄어들거나 심지어 사라지는 이유에 대해서도 설명할 수 있다. 소음이 생존에 매우 중요한 행동 패턴을 방해한다는 것은 여러 연구에서 이미 분명하게 밝힌 바 있다.

동물은 우리와 인지하는 방식이 다르다. 인간들이 딱히 성가시게 느끼지 않는 것들도 동물에게는 매우 큰 문제가 될 수 있는데, 소음의 종류와 강도 그리고 주파수 범위도 마찬가지다. 도로, 건물, 풍력발전소의 건설 프로젝트나 자동차와 기계의 개발, 천공이나 원료의 채굴과 공장 설비 같은 일을 실행할 때는 환경과 관련된 부분뿐만 아니라 소리를 구성하는 요소도 고려해야 한다. 소음은 인간에게도 해롭다. 그러므로 우리는 모두의 안녕을 위해 이를 줄여야 할 것이다.

짝을 찾는 것부터 방향 설정까지, 언제나 의사소통을 한다

의사소통은 인간뿐 아니라 생쥐에서 코끼리에 이르기까지 모든 동물이 행동하는 데 필수적인 부분이다(이 책을 통해 잘 보였기를 바란다). 소리를 통한 신호는 삶의 거의 모든 영역에서 큰 역할을 한다. 짝을 찾고, 번식을 하고, 새끼를 키우고, 방향을 찾을 때, 사냥할 때와 사냥을 피할 때 그리고 사회생활의 모든 영역에서 중요하다. 이것은 대부분의 다른 척추동물과 마찬가지로 인간에게도 해당된다.

이런 관점에서 볼 때, 우리가 여전히 동물의 언어에 대해 아는 것이 거의 없다는 점은 놀랍기만 하다. 최근까지도 우리는 수컷 쥐가 노래로 암컷 쥐를 유혹하려 한다는 사실을 몰랐으며, 코끼리가 고주파 소리를 낸다는 것도 알지 못했다. 최근에야 비로소 우리는 기린의 새로운 소리를 '발견'했는데, 아직 그 소리가 어떤 기능을 하는지는 알지 못한다. 우리는 지금까지도 멸종 위기에 처한 치타의 복잡한 소리가 짝짓기에서 어떤 역할을 하는지 전혀 알지 못한다.

인간이 달에 가기도 하고, 화성의 소리를 녹음하기도

하지만, 이 지구상의 생물이 의사소통에 이용하는 소리의 영역이 어느 정도인지 여전히 알지 못한다. '동물 언어의 해독'은 말할 것도 없다. 그러는 사이 세상은 점점 더 시끄러워지고 있다. 우리는 그것들이 지구상의 생물에게 어떠한 영향을 미칠지, 어떤 해를 입힐지 고민하지 않고 끊임없이 온갖 소리와 소음을 만들어 낸다. 종의 다양성과 생물다양성을 보존하려면, 우리는 삶의 모든 영역에서 살아남기 위해 동물들이 원하는 것이 무엇인지 이해해야 한다. 우리 스스로를 제한하기 위해서는, 더 정확하게는 잘 적응하기 위해서는 이러한 지식이 필요하다. 동물이 무조건 우리 인간에게 맞추거나 그들 서식지에 인간이 침입하는 데 적응하기를 기대할 수는 없으니까 말이다.

'생각의 전환'이라는 희망

하지만, 실제로 희망의 근거가 없는 것은 아니다. 천천히, 생각이 바뀌고 있기 때문이다. 2021년 5월, 영국은 동물이 제각각 감정과 기분을 인지하고 있으며 기쁨과 만족감, 슬픔과 고통을 느낄 수 있는 것으로 법률을 개정했다. 그 외에도 여러 법안이 사냥으로 얻은 전리품의 수입과 살아 있는 동물의 수출을 금지하고 있다. 2023년부터 뉴질랜드는 살아 있는 동물의 운송을 전면 금지하고 있다.

행동 연구자로서, 나는 내 연구 결과가 가능한 빨리 자연과 종의 보호에 적용될 수 있도록 해야 할 책임을 느낀다. 이는 곧, 우리가 이러한 인식을 널리 퍼뜨려야 한다는 뜻이다. 아이들 하나하나가 개미부터 고래까지 동물이 얼마나 매력적인지 그리고 동물을 보호하는 것이 얼마나 중요한 일인지를 알게 해야 한다. 이런 현상에 대해, 1968년 환경 콘퍼런스에서 세네갈의 산림 엔지니어 바바 디움이 한 말은 너무나 중요하다. "결국, 우리는 우리가 사랑하는 것만 보존하고 우리가 이해하는 것만 사랑할 것입니다. 그리고 우리가 배운 것만 이해할 것입니다." 우리가 사랑하는 것만 보존하게 될 거라는 사실을 인지한다면, 우리가 이해하는 것만 사랑하게 된다면, 우리가 배운 것만 이해하게 된다는 사실을 생각하면, 우리의 책임은 대체 얼마나 큰 것일까.

우리 머리 위를 날아다니는 까마귀가 곧 우리의 선생님이다. 서로를 찾는 한 쌍이어도 좋고, 서로 논쟁을 벌이는 까마귀들이라면 더 좋겠다. 동물이 부르고 응답하는 패턴을 찾아보고 각각의 소리를 구별해 보자. 때로는 음색의 뉘앙스만 차이가 날 수도 있을 것이다. 우리는 커뮤니케이션의 방식과 그 복잡성에 깜짝 놀라게 될 것이다. 시간을 가지고 주의 깊게 숲속을 거닐고, 정원이나 공원의 초

우리 주변의 동물들이, 그러니까 머리 위를 날고 있는 까마귀 같은 동물이 곧 우리의 선생님이다.

원에 앉아 귀를 기울여 보자. "지-지-베" 하는 박새 소리, 윙윙거리는 어리뒤영벌 소리가 벌써 들릴지도 모른다. 그렇다면, 이 동물은 우리의 소리를 듣고 있을까?

동물처럼 세상을 인지하면 언젠가 동물종에 대한 우리의 시각을 영원히 바꿀 수 있을 거라 나는 확신한다. 동물 언어의 매력적인 세계에 다가가 귀를 기울이면, 인간만 무언가 말할 수 있는 세상의 유일한 존재가 아니라는 사실을 이해하는 법을 배울 수 있을 것이다.

Thanks to

지금까지 나를 지지해 주고 이 길에 동행해 준 모든 분,
특히 가족과 동료, 멘토와 스승들에게 감사하고 싶다.
그중에는 종종 특별한 우정을 쌓은 멘토들도 있다. 또한 이 책을 위해
소리 샘플을 제공해 준 모든 동료에게도 감사한다.

옮긴이 조연주는 대학과 대학원에서 독어독문학을 전공했다. 편집자로 오랫동안 책을 만들어 왔고, 영어와 독일어로 된 책을 우리말로 옮겼다. 옮긴 책으로 《리페어 컬처》《피난하는 자연》《101살 할아버지의 마지막 인사》와 소설 《아쿠아리움》 어린이책 《색깔의 여왕》《아저씨, 왜 집에서 안 자요?》《난민 이야기》《플라스틱 얼마나 위험할까?》가 있다.

동물의 노랫소리

우리가 귀 기울일 때 배우게 되는 것

1판 1쇄 2024년 9월 5일

글쓴이 앙겔라 스티거
옮긴이 조연주
펴낸이 조재은
편집 이혜숙
디자인 서옥
관리 조미래

펴낸곳 (주)양철북출판사
등록 2001년 11월 21일 제25100-2002-380호
주소 서울시 영등포구 양산로91 리드원센터 1303호
전화 02-335-6407
팩스 0505-335-6408
전자우편 tindrum@tindrum.co.kr
ISBN 978-89-6372-438-6 (03490)
값 15,000원

잘못된 책은 바꾸어 드립니다.